JN234691

見てわかる
半導体の基礎

◎高橋 清 著

森北出版

● 本書のサポート情報を当社Webサイトに掲載する場合があります．下記のURLにアクセスし，サポートの案内をご覧ください．

https://www.morikita.co.jp/support/

● 本書の内容に関するご質問は，森北出版 出版部「（書名を明記）」係宛に書面にて，もしくは下記のe-mailアドレスまでお願いします．なお，電話でのご質問には応じかねますので，あらかじめご了承ください．

editor@morikita.co.jp

● 本書により得られた情報の使用から生じるいかなる損害についても，当社および本書の著者は責任を負わないものとします．

■ 本書に記載している製品名，商標および登録商標は，各権利者に帰属します．

■ 本書を無断で複写複製（電子化を含む）することは，著作権法上での例外を除き，禁じられています．複写される場合は，そのつど事前に（一社）出版者著作権管理機構（電話03-5244-5088, FAX03-5244-5089, e-mail：info@jcopy.or.jp）の許諾を得てください．また本書を代行業者等の第三者に依頼してスキャンやデジタル化することは，たとえ個人や家庭内での利用であっても一切認められておりません．

はじめに

「科学は星の美しさを奪い去ってしまったと詩人たちはいう．つまり，科学は星を単なる気体原子球にしてしまったと（ファインマン曰く）」．このように科学の発展は，ときによっては自然の神秘性・ロマンを奪い去ってしまうが，ある場合には月面着陸で代表されるように，夢想を現実のものへと引き寄せてしまう．

20 世紀の科学分野での特筆すべき業績は，量子物理学であろう．この量子物理学の発展のたまものとして，今日の輝かしい固体エレクトロニクスの発展から，コンピュータ社会，さらには情報化社会へと発展してきた．われわれはまさに量子物理学の恩恵を享受している．

本書では 20 世紀を代表するこの輝かしいエレクトロニクスの礎となった半導体を中心とするエレクトロニクスを，わかりやすく解説することを第一の目標にした．

いまの学生は，学ばなければならないことが余りにも多すぎ，半導体の勉強に多くの時間をとることはできない．また電子工学専攻以外の学生にも，現代のエレクトロニクスの概要を把握できるように，そのエッセンスだけをできるだけ興味を持って学べるようにと編んだのがこの書である．

そこで本書は，従来の半導体工学の解説にとどめることではなく，20世紀の学問体系としての半導体の位置づけが学問の流れとして理解できるように解説した．その結果，必ずしも半導体ではないが，エレクトロニクスとして重要な超伝導についてもふれた．その結果として，本書の目次も従来の半導体工学の書物とは異なった目次構成になっている．

本書のもう一つの特徴は，左右のページの役割分担を試みた．右側のページは，できるだけ視覚に訴えて学べるように図，表ならびにキーワードを配置し，左側のページは右側の内容を説明するような構成にした．したがって右側のページだけを見ても大まかなことが理解できるようにした．また式はできるだけ用いないで，その物理的な意味を学べるようにした．

　むずかしく書くことは簡単であるが，格調高い内容をやさしく書くことは非常に難しい．本書は余りにもやさしく表現しようとしたため，物理的厳密性を犠牲にした部分もある．読者によっては内容的に物足りないと思われる方もおられると思う．その場合には拙著『半導体工学（第 2 版）』（森北出版）を参照することをお勧めする．またその他に立派な書物が多く出版されているので，それらで補っていただきたい．

　本書はよくいわれるように「木を見て森を見ず」ではなく，「森を見て木を見ず」を念頭に置いた．

　本書を通して，あまりにも美しすぎる量子物理学，洗練された科学技術，人間の英知の素晴らしさ，学問の美しさを学びとっていただければ幸いである．

　本書の執筆にあたり，内外の優れた著書を参考にさせていただいた．特に *Coffee break* の項では，I. アシモフ著（皆川義雄訳）『科学技術人名事典』（共立出版）から引用させていただいた部分が多々あり，関係者の方に謝意を表するとともにお許しを頂きたい．また出版に際して，森北出版の森北肇社長をはじめ，企画部の吉松啓視氏，出版部の多田夕樹夫氏にご尽力いただいたことをここに併記して深い感謝の意を表したい．

　2000 年陽春

高橋　清

目　　次

第1章　古典物理学と量子物理学

1-1　古典物理学　*1*
1-2　量子物理学　*4*
1-3　二重性をどのように考えるか？　*16*
1-4　シュレーディンガーの波動方程式　*18*

第2章　量子物理学と固体物理学

2-1　帯理論とは？　*23*
2-2　導体・半導体・絶縁体のエネルギー帯構造は
　　　どうなっているのか？　*28*
2-3　何が導体になり，何が絶縁体になるか？　*30*
2-4　実効質量とは何か？　*34*
2-5　負の質量とは何か？　*36*

第3章　固体物理学と半導体物理学

3-1　半導体発展の歴史　*39*
3-2　半導体の電気伝導現象　*44*
3-3　半導体の純度はどのくらいか？　不純物濃度は？　*48*

- 3-4　フェルミ準位（レベル）とは？　48
- 3-5　p-n接合　52
- 3-6　トランジスタ　56
- 3-7　集積回路　60
- 3-8　半導体の熱電的性質　68
- 3-9　磁電効果　72
- 3-10　ひずみ抵抗素子　76

第4章　半導体物理学とオプトエレクトロニクス

- 4-1　半導体はなぜ光デバイスとして重要か？　79
- 4-2　内部光電効果（光導電効果）　80
- 4-3　光起電力効果（障壁形）　82
- 4-4　発光ダイオード（LED）　84
- 4-5　半導体レーザダイオード　86
- 4-6　光エレクトロニクス　88

第5章　超伝導とエレクトロニクス

- 5-1　超伝導とは何か？　95
- 5-2　マイスナー効果とは？　96
- 5-3　BCS理論　96
- 5-4　高温超伝導体　98
- 5-5　超伝導体の応用　100
- 5-6　ジョゼフソン効果　100
- 5-7　ジョゼフソン効果の応用（SQUID）　102

第6章　エレクトロニクスと情報科学

6-1　情報の伝達手段　*107*
6-2　情報をアナログからディジタルへ　*107*
6-3　情報を電磁波にのせて　*108*
6-4　光通信の発信器：レーザ　*108*
6-5　光通信の伝送路：光ファイバ　*110*
6-6　光 増 幅 器　*110*
6-7　何が光通信の特長か？　*112*
6-8　情報の極限－タキオンで過去への通信　*112*
6-9　タキオンは存在するか？　*114*

第7章　21世紀のエレクトロニクス

7-1　量子効果デバイス　*115*
7-2　インコヒーレント電子波からコヒーレント電子波へ　*128*
7-3　キャリアからプロパゲータへ　*132*
7-4　単一電子素子：究極のデバイスか？　*132*
7-5　EPRパラドックスは究極の通信技術になりうるか？　*134*
7-6　量子物理学は本当に無敗か？　*138*

第 8 章　人間の素晴らしさ

8-1　カクテルパーティ効果　*141*

8-2　コーヒーブレイク効果　*141*

8-3　High-Bridge 効果　*142*

8-4　ファジィ効果　*142*

8-5　森 林 効 果　*142*

8-6　喜怒哀楽効果　*144*

エピローグ　*145*

さくいん　*147*

第1章
古典物理学と量子物理学

1-1 古典物理学

　古典物理学とは，物質を粒子として取り扱うもので，別名ニュートン物理学といわれている．われわれの日常生活の物理現象は，古典物理学で説明ができる．たとえば野球のピッチャーが 150 km／時でボールを投げたら，何秒後にキャッチャーのミットに収まるかは古典物理学で簡単に計算できる．同じように天体の運動も説明ができる．

　ところがより込み入った微細な物理現象は，古典物理学では説明できないものがある．たとえば金属はよく電気を通すが，なぜ電気をよく通すかは，古典物理学では説明ができない．

　そこでまず金属はどのくらいよく電気を通すか，調べてみよう．物質の電気の通しやすさは，電気抵抗で与えられる．しかし電気抵抗は，たとえば棒状の物質を考えてみると，電気抵抗は長さに比例し，断面積に反比例する．そこで物質のこのような幾何学的形状に左右されない物理定数が必要になってくる．この物理定数が抵抗率で，式 ($1-1$) の比例定数 ρ である．

　図 1-1 は代表的物質の抵抗率を示したものである．たとえばパラフィンで断面積が 1 cm 角，長さが 1 cm のサイコロ状の抵抗と，同じ抵抗を断

面積 1 cm 角の銅で作るとすると，銅は 100 万光年以上に相当する長さが必要で，地球に存在するすべての銅を使っても作ることができない．これは驚くべきことで，これほど大きな開きのでる物理定数はほかには見あたらない．

このように金属はなぜ電気をよく通すか，古典物理学ではまったく説明がつかない．量子物理学が現れた 1926 年前までは，「金属はなぜ電気をよく通すか」は不問にし，「金属はお互いに力を及ぼし合わない自由電子ガスを入れた器」と考えた．この考えは 1900 年から 1905 年にかけてドルーデ（Drude）とローレンツ（Lorentz）によって提唱されたもので，金属の自由電子論，あるいはドルーデ-ローレンツ（Drude-Lorentz）モデルと呼ばれている．

「金属はなぜ自由電子ガスの器であるか？」は，量子物理学を待たねば説明ができない．量子物理学によってみごとに説明される．これは一例にすぎないが，このように量子物理学は現在のところすべての物理現象を説明することができる．

☕ Coffee break

ドルーデ（P. Drude：1863〜1906） ドイツの理論物理学者，ベルリン大学教授，ベルリンで自殺．

現在彼の業績を称え，ベルリンに彼の名前を冠した Paul-Drude Institut 固体電子研究所がある．

ローレンツ（H. Lorentz：1853〜1928） オランダの理論物理学者．ライデン大学教授，1902 年ノーベル物理学賞受賞．

1904 年に数学的に見て相対性理論とほとんど同等の理論を完成したが，旧来の時間・空間概念に固執して，アインシュタインの理論には賛同しなかった．

$$R = \rho \cdot \frac{l}{S} \quad (1-1)$$

R：抵抗（Ω），ρ：抵抗率（Ω·m）
S：断面積（m²），l：長さ（m）

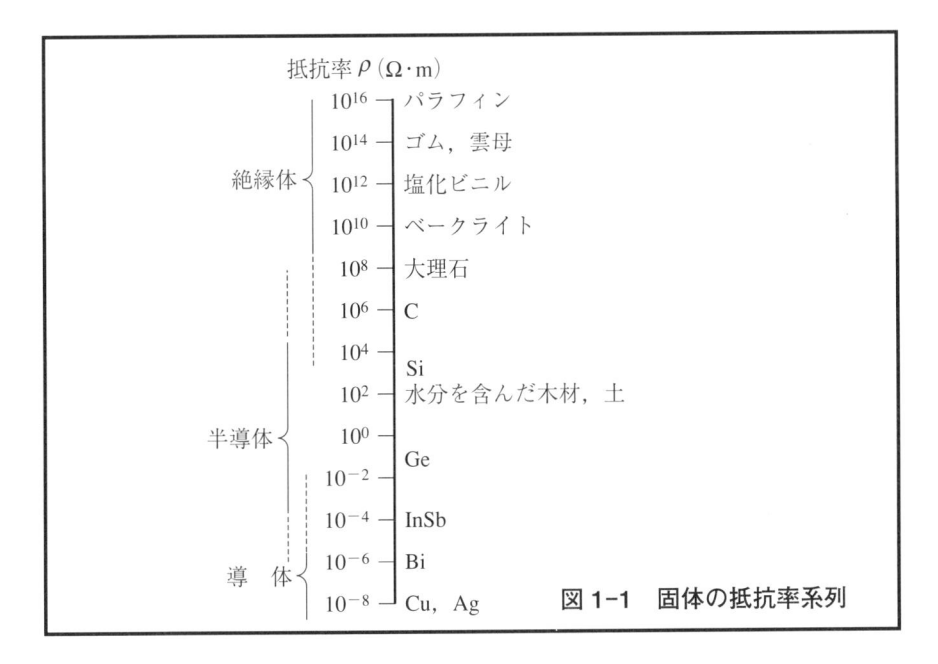

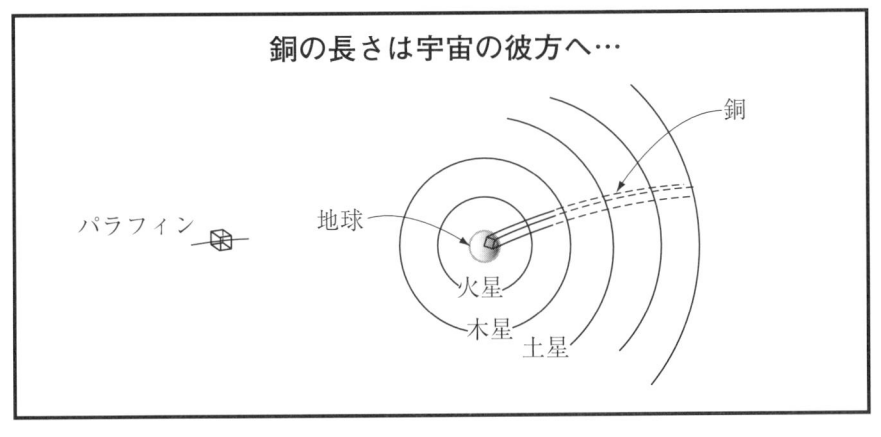

図 1-1 固体の抵抗率系列

抵抗率 ρ（Ω·m）

絶縁体
- 10^{16} パラフィン
- 10^{14} ゴム，雲母
- 10^{12} 塩化ビニル
- 10^{10} ベークライト
- 10^{8} 大理石

半導体
- 10^{6} C
- 10^{4} Si
- 10^{2} 水分を含んだ木材，土
- 10^{0} Ge
- 10^{-2}
- 10^{-4} InSb

導体
- 10^{-6} Bi
- 10^{-8} Cu, Ag

銅の長さは宇宙の彼方へ…

パラフィン

地球／火星／木星／土星／銅

1-2 量子物理学

　量子物理学の基本的な考え方は「物質は波である」との出発点にたっている．この出発点は，われわれの日常の経験からすると，どうしても受け入れがたい．このことが「量子物理学は難しい」ということにしてしまっている．

　しかし20世紀の科学・技術は，この量子物理学ですべてが説明でき，いまのところ無敗を誇っている．ポーリング（Pauling）は，病気も量子物理学で説明できるとまでいった．

　そこでまず量子物理学の出発点である粒子と波動について述べよう．

（1）光の粒子性と波動性

　われわれは光が波であることは，いまでは何ら抵抗なく受け入れている．たとえば白熱電灯と蛍光灯を見比べて，後者の方が白っぽい光であるので，「蛍光灯の光は白熱電灯と比較して波長が短い」と判断する．これは光を波としてとらえている証拠である．しかし光が波であるということが受け入れられるまでには200年以上にわたる長い長い道程があった．

　光の波動性を最初に唱えたのは，弾性の「フックの法則」で有名なイギリスのフック（Hooke，1665年），ならびにオランダのホイヘンス（Huygens，1678年）らであった．

　これに対して光の粒子性を唱えたのが，かの有名なイギリスのニュート

☕ Coffee break

　ポーリング（L.C. Pauling，1901～1994）　アメリカの物理化学者．1954年ノーベル化学賞を，また核実験に強く反対し，1963年にはノーベル平和賞を受賞した．マリー・キュリー，バーディーン（98ページ参照）と並んでノーベル賞を2つもっている希有の人である．

古典物理学と量子物理学の関係

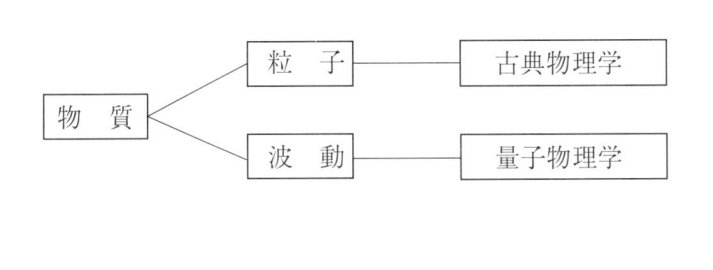

物質 ─┬─ 粒 子 ── 古典物理学
　　　└─ 波 動 ── 量子物理学

光の粒子性

光の粒子性……ニュートン
　　　　（イギリスの国家的理論）

光の波動性

1665年　フック
1678年　ホイヘンス
1800年　ヤング
　　　　（光の干渉実験）
1818年　フレネル
　　　　（光の干渉理論）

ン（Newton，1672 年）であった．ニュートンは，光が光素という粒子の集まりであるという光の粒子説の論文を発表した．このニュートンの論文は，非常なる好評と名声を博したが，この論文の査読者はフックであった．フックはこのニュートンの粒子説に激しく反対し，しばらくの間，2 人の間で激烈な論争がつづき，ニュートンはついにその煩わしさを嫌って沈黙してしまった．

当時はニュートンの強大な名声のために，18 世紀にはニュートンの粒子説が信じられ，イギリスの国家的理論となり，波動説は 1 世紀以上無視された．

それから 130 年近く経って，弾性のヤング率で有名な，イギリスのヤング（Young，1800 年）が，光の干渉の実験を行い，光の波動性を実証して，光の波動性の幕開けを迎えた．

一方ほとんど時を同じくして，フランスのフレネル（Fresnel，1818 年；フレネルレンズの発明者）は，ヤングの干渉の実験のことも知らずに，ヤングと同じ結論を理論的にだし，ヤングよりもはるかにくわしく，かつ正確な理論を組み上げた．

フレネルのこの論文を審査した 5 人の内 3 人（ラプラス，ビオ，ポアソン）は，光の粒子論者，1 人（アラゴ）は波動論者，もう一人（ゲイ・リュサック）は中立であった．ところが，粒子論者のポアソンが，フレネルの出した理論が正しいことを認め，粒子論者が波動論者にてこ入れした一

☕ *Coffee break*

フック（R. Hooke，1635～1703）　イギリスの物理学者，天文学者．ニュートンの先輩であり，初期の王立協会の中心的人物であった．後にフックの死後，ニュートンが王立協会の会長になったとき，ニュートンの最初にした仕事が，フックの痕跡を抹消することであった．そのためフックの肖像が残っていないといわれている．

光の干渉

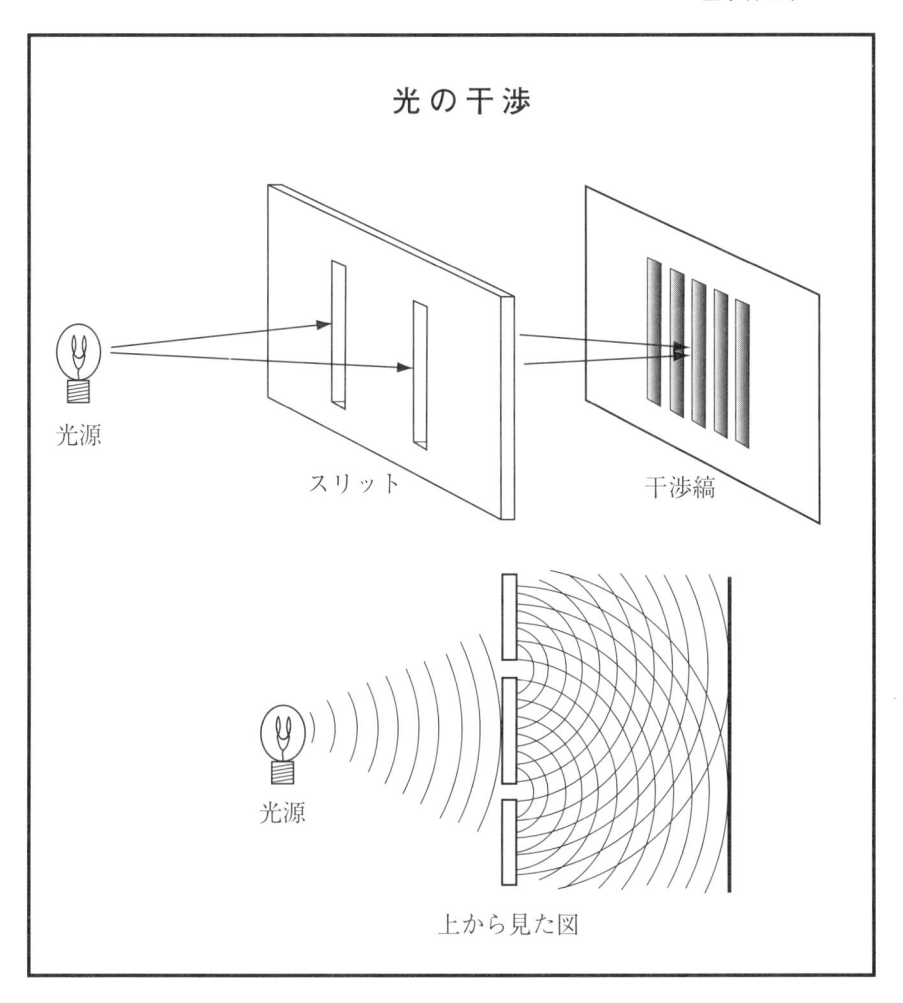

光源　スリット　干渉縞

上から見た図

光の波動論

「フック，ホイヘンスが苗を植え，
　ヤングが肥料を与え，
　それをフルネルが移植して開花，結実させた」

幕であった．

このフレネルの理論ならびにヤングの実験から，光の波動性は確固たるものになった．

このように光の波動論は，

> 「フック，ホイヘンスが苗を植え，
> ヤングが肥料を与え，
> それをフレネルが移植して開花，結実させた」

といわれている．

ところがそれから約100年後の1900年になってふたたび光の粒子説が唱えられた．

1900年ドイツのプランク（Planck）は，溶鉱炉の温度を測定する過程で，熱放射の実験的説明を「エネルギー量子」という概念で説明した．すなわちすべての物体は連続体ではなく，それ以上に分けられない小さな原子から成り立っているのと同様に，エネルギーも連続量ではなく，あるエネルギーの素量（これがプランク定数 h である）から成り立っていると考え，彼はこのエネルギーの素量を量子 "quanta"（ラテン語で，「どのくらい多く？」という意味で，単数の場合は "quantum"）と名付けた．これが今日の量子物理学 "quantum physics" の名前になっている．

☕ Coffee break

> **ヤング**（T. Young, 1773〜1829） イギリスの物理学者，古典学者，考古学者．ヤングは2才で字を読み，4才で聖書を読み，神童といわれた．それに対して，フレネルはヤングとは反対に，神童とはほど遠く，8才までは本も読めず，病弱な一生を送った．

再度光の粒子（？）説

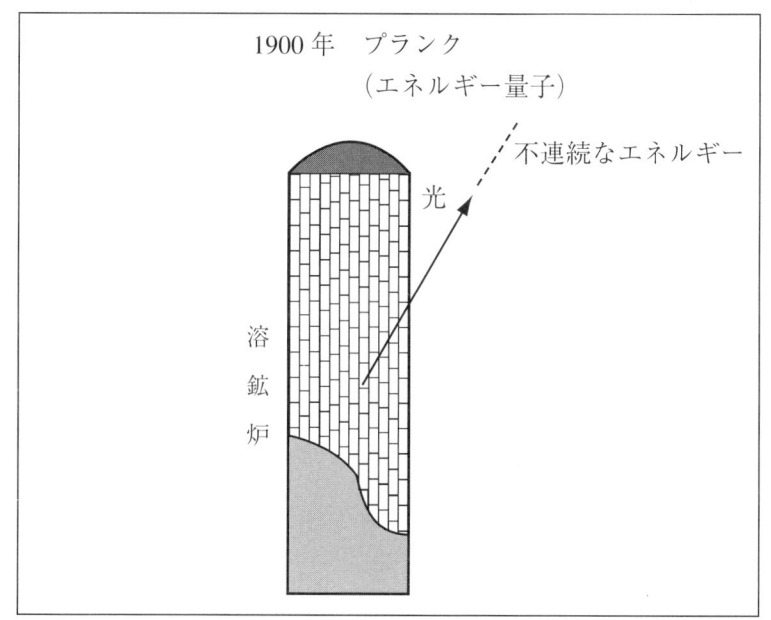

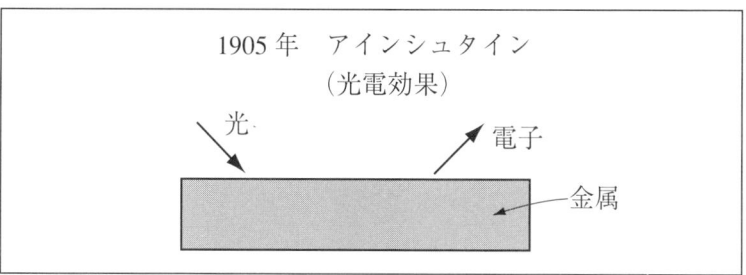

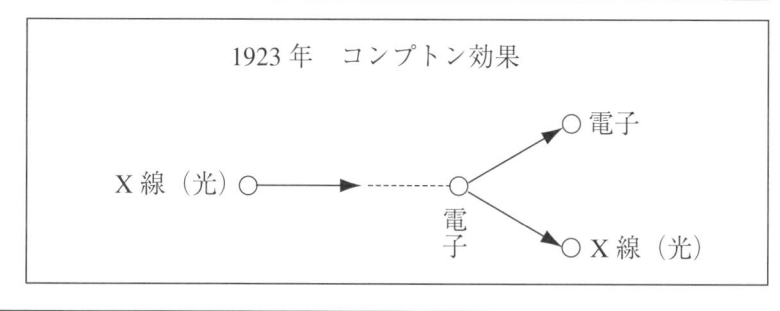

1900年　プランク
（エネルギー量子）

不連続なエネルギー

光

溶鉱炉

1905年　アインシュタイン
（光電効果）

光　　　電子

金属

1923年　コンプトン効果

X線（光）　　　　　　○電子

電子　　○X線（光）

この粒子性に初めて目をつけたのが，アインシュタイン（Einstein, 1905 年）で，彼はこの粒子を光量子（フォトン；photon）と名付けた．これは光の粒子説であって，ニュートンの光の粒子説に戻った感じである．しかしニュートンが提唱した光素は，古典物理学に従う質点のような粒子であったが，プランクやアインシュタインが提唱した光量子は，光の振動数に比例したエネルギーの粒子であって，波動の概念がなければ表せないものであって，同じ粒子説といっても，まったく異なったものである．

アインシュタインは，この光量子の考え方で，金属に光を当てるとその表面から電子が放出される光電効果の現象をみごとに説明した．

光の粒子性の著しく現れるもう一つの現象は，アメリカのコンプトン（Compton, 1923 年）によるコンプトン効果である．コンプトン効果とは，X 線（光）を電子に当てたとき，X 線と電子がそれぞれ反跳（ビリヤードのようなもの）する現象で，光の粒子性によってきわめて単純に説明できることが，コンプトンによって示された．

以上をまとめると次のようになる．

「光は，ある場合には波動として振る舞い，ある場合には粒子として振る舞う」

いわゆる波動性と粒子性の二重性（duality）をもっている．

☕ Coffee break

プランク（M. Planck：1858〜1947）　ドイツの理論物理学者．大学を卒業するとき，音楽を専攻しようか，物理を専攻しようか悩み，指導教官に相談した．その時指導教官は，「もう物理は研究することがない．完成された学問である」といい，音楽を専攻することを進めた．現在ドイツには彼の名を冠した Max Planck Institut という自然科学の分野では世界的に有名な研究所がある．

光の二重性

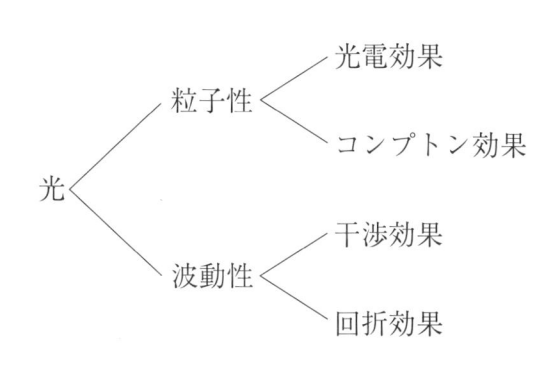

光 ─┬─ 粒子性 ─┬─ 光電効果
    │   └─ コンプトン効果
    └─ 波動性 ─┬─ 干渉効果
               └─ 回折効果

「光は，ある場合には波動として振る舞い，ある場合には粒子として振る舞う」

「粒子と波動の性質が，同時に現れることはない」

(2) 電子は粒子か波か？

電子が電荷 $e=-1.6\times10^{-19}$ C，質量 $m=9.1\times10^{-31}$ kg の値をもった粒子であることは，イギリスのトムソン（J.J. Thomson, 1897 年）らによる真空放電に関する陰極線の実験から確認されている．しかし，フランスのド・ブロイ（de Broglie, 1924 年）は，光の二重性に刺激されて，

> 「粒子である電子はもとより，物質すべてが波動性（物質波）を
> 持つのではないか．そして運動量 $p\,(=m\cdot v)$ をもった粒子は
> 式 (*1-2*) で与えられる波長（この波長をド・ブロイ波長という）
> をもった波と考えられる」*

と，非常に大胆な仮説を発表した．

ところがこの大胆な考え方の正しいことが，アメリカのダビソン（Davisson, 1927 年）とジャーマ（Germer, 1927 年）のまったく幸運な実験から，電子も光と同じように回折現象を示し，波動であることが実証された．

その翌年にイギリスのトムソン（G.P. Thomson, 1928 年）ならびにわが国の菊池正士氏は，薄い金属膜およびマイカ膜で電子線回折像を得て，電子の波動性を確認した．この研究により，ダビソンとトムソンは，1937

☕ Coffee break

＊これがド・ブロイの学位論文で，わずか 2 ページのものであった．この学位論文の審査委員会は，この論文をどうするか明確な結論を出せないでいた．そこでド・ブロイは，そのコピーをアインシュタインに送り意見を求めた．そのときアインシュタインは，

「どうしようもない不可思議な物理の謎にさした最初の微かな光である」と表現し，彼の論文を高く評価した．1929 年この仮説に対してノーベル物理学賞が与えられた．

ド・ブロイの仮説

物質すべてが波動性をもつ

$$\lambda = \frac{h}{p} \quad (1\text{-}2)$$

$p = m \cdot v$：粒子の運動量
h：プランク定数
λ：ド・ブロイ波長

電子の回折

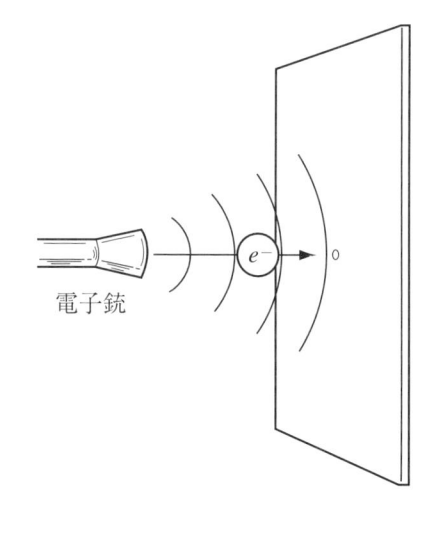

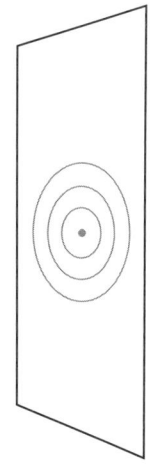

電子銃

スクリーン

年ノーベル物理学賞を受賞した．この電子線の回折で現れるパターンは「Kikuchi pattern」と呼ばれている．

すなわち，

「電子も光と同じように，粒子性と同時に
波動性をもった二重性である」

いままでのわれわれの知識では，同じものが粒子であったり，波であったりすることは考えられない．この二重性をどのように解釈したらよいかは，1930年前後になってどうやら明らかになったが，それまではドイツのボルン（Born, 1927年）がいっていたように

「当時の物理学者は，
月，水，金の3日は，物質が波動であると考え，
火，木，土の3日間は，物質が粒子であると考えた」

のである．

☕ Coffee break

> **トムソン，G.P.**（G.P. Thomson, 1892〜1975）　G.P. トムソンは，J.J. トムソンの一人息子であり，父親の J.J. トムソンは電子の粒子性を説明し，1906年にノーベル物理学賞を受けた．息子の G.P. トムソンは，電子の波動性を説明して，1937年ノーベル物理学賞を受賞した．

電子の二重性

電子 ⟨ 粒子性 ── 負の電荷を持った電荷の最小単位の粒子
　　　　　　　J.J. トムソン（父親）
　　　　波動性 ── 電子線回折
　　　　　　　G.P. トムソン（息子）

電子も，

「ある場合には粒子として振る舞い，
ある場合には波動として振る舞う」

混沌とした物理学の表現？

月，水，金：物質は波動

火，木，土：物質は粒子

　　日曜日は？

1-3 二重性をどのように考えるか？

　光および電子などの物質が，粒子と波動の両方の性質を持つ二重性を，直感的に説明するために，波束あるいは波群というものを考える．図1-2（a）は波長がわずかに異なった2つの波を，（b）は3つの波を合成した図である．（a）と（b）を比較すると，合成した結果現れた振幅の最大値は，（b）の方が（a）よりも大きくなるが，振幅の最大値が現れる割合は（b）の方が小さい．このように考えていくと，無限個の波を合成すると，同図（c）のように，振幅の最大になる点は一カ所だけになる．（d）は，3次元で考えた場合である．

　このように振幅の最大になる点は，あたかも波の束のようなもので，これを**波束**あるいは**波群**（wave-packet）という．

　この「**波束だけに注目したとき，これがあたかも粒子のように振る舞う**」ように見える．すなわち直感的には「波束が粒子である」と考えることができる．

　図1-2の波を一つ一つ考えたとき，波動性が現れる（この説明は，物理的にはやや厳密性を失う）．

　ところが粒子性が現れたときには，決して波動性は現れない．またこの逆に波動性が現れると粒子性は決して現れない．このことはたとえば図1-3の上の立方体の図を見たとき，図（a）のような立方体を想像するか，あるいは図（b）のような立方体を想像するかであるが，図（a）の立方体を想像すると決して図（b）の立方体は想像できない．この逆も同じで，同時に（a），（b）の立方体を想像することはできない．これと同じことが粒子と波動にもいえる．

　テニスボールのように，手に取ってみることのできる物体の式（1-2）で与えられるド・ブロイ波長は，きわめて短く，波として識別することは不可能である．しかし電子のようにきわめて小さい物体は，その波長がX線と同程度になり，波として識別することができるようになる．

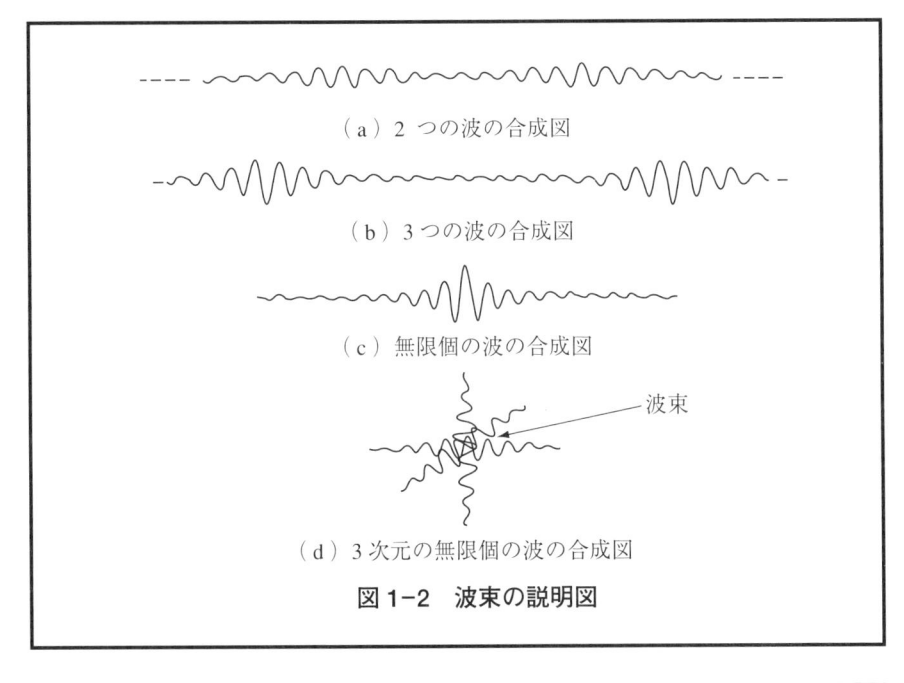

(a) 2つの波の合成図

(b) 3つの波の合成図

(c) 無限個の波の合成図

波束

(d) 3次元の無限個の波の合成図

図1-2　波束の説明図

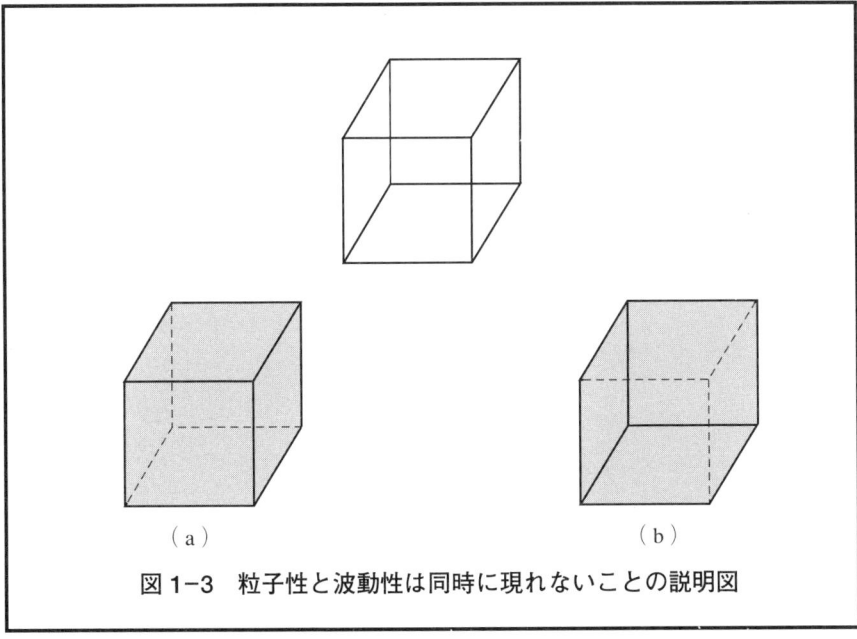

(a)　　　　　　　　　　　(b)

図1-3　粒子性と波動性は同時に現れないことの説明図

表 1-1 に 2, 3 の物体の量子効果が現れる確率の目安を示した．テニスボールではその確率が 10^{-34} であるが，原子中の電子のそれはほぼ 1 である．

テニスボールの場合，地球上の全人類（約 60 億人）が，1 秒間に 1 度の割合で壁にテニスボールを打ちつけ，それをみんなが 100 億年打ち続けたとしても，量子効果が出てテニスボールが壁を通過する（トンネル効果）割合は 1,000 万分の 1 程度である．すなわち未来永劫量子効果は出ないと思って差し支えない．

この例からもわかるようにわれわれの日常生活では，量子効果は現れず，古典物理学で十分である（それはプランク定数があまりにも小さいからである）．しかし原子の中の電子を考える場合には，その確率が 1 に近く，電子を波動として取り扱わなければならなくなる．

1-4　シュレーディンガーの波動方程式

いままでの説明で，物質は粒子であると同時に波動であることが理解されたと思う．物質を粒子として取り扱った場合の物質の運動状態は，ニュートンの第 2 法則，すなわち「力は質量と加速度との積である」という法則で支配される．

それでは物質を波動として取り扱う場合，それを支配する式は何かということになる．その式がシュレーディンガーの波動方程式で，1926 年オーストリアの物理学者シュレーディンガー（Schrödinger, 1926 年）によって導かれた．

表 1-1　量子効果の現れる確率

テニスボール	10^{-34}
細　　菌	10^{-9}
結晶中の原子	10^{-2}
原子中の電子	10^{0}

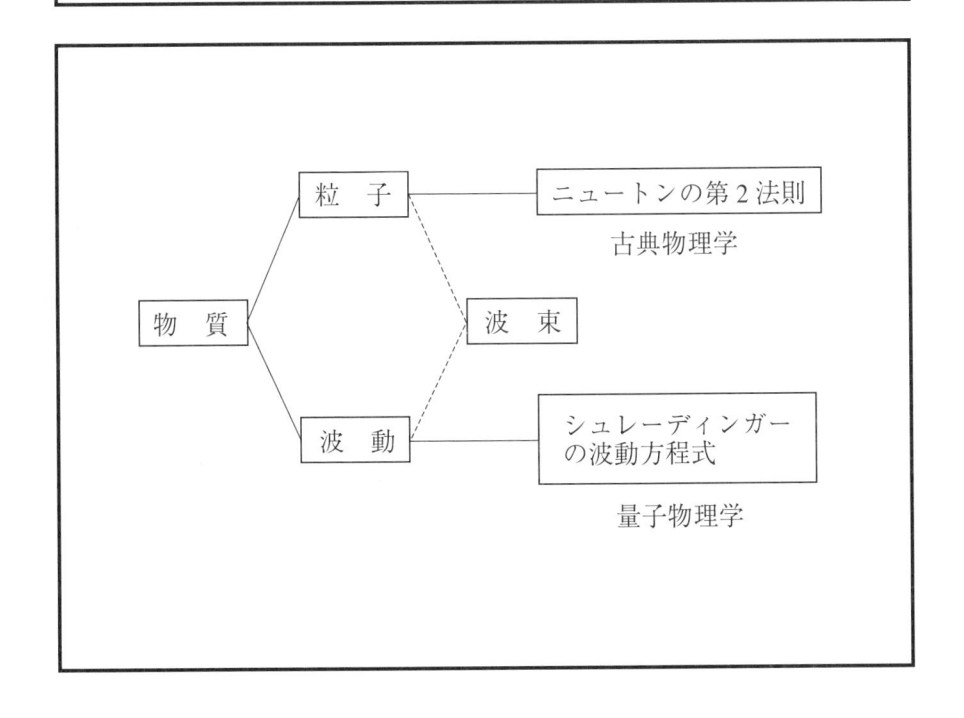

```
                ┌─────────────────┐
          ┌─── │ ニュートンの第2法則 │
       ┌─────┐ └─────────────────┘
       │粒 子│       古典物理学
       └─────┘
      ╱      ╲
┌─────┐      ┌─────┐
│物 質│      │波 束│
└─────┘      └─────┘
      ╲      ╱
       ┌─────┐
       │波 動│
       └─────┘       ┌─────────────────┐
          └─── │ シュレーディンガー │
                    │ の波動方程式    │
                    └─────────────────┘
                         量子物理学
```

シュレーディンガーの波動方程式

ファインマンの言葉をかりると,「どこからあの方程式を求めたかって? とんでもない,既知のものからは導けるわけがないよ.あの方程式は,シュレーディンガーの心の中から生まれたのさ」

☕ Coffee break

　シュレーディンガーは,当時スイスのチューリッヒの研究所におり,そのグループ長であったデバイ教授が,ド・ブロイに奇妙な波動のことを聞き,シュレーディンガーにこのアイデアをグループのほかの人たちに説明するようにと命じた.説明し終わった後,デバイは「まったく幼稚な説明だ.波動を正しく扱うには,波動が場所から場所へどのように移動するかを記述する波動方程式がなければ意味がない」と批評した.

　この批評に発奮して,シュレーディンガーは,いまでは彼の名が冠せられている波動方程式を発見し,それに対して 1933 年ノーベル物理学賞が授与された.

ニュートンの第 2 法則

$$f = m \cdot \frac{d^2 x}{dt^2}$$

シュレーディンガーの波動方程式

（1 次元・定常状態）

$$-\frac{\hbar^2}{2m}\frac{d^2 \varphi(x)}{dx^2} + [V(x) - E]\varphi(x) = 0$$

$V(x)$：ポテンシャルエネルギー
E：エネルギー固有値（Eigenvalue）
$\varphi(x)$：固有関数（Eigenfunction）

量 子 物 理 学

体系の美しい学問

天才が構築

完成された美に感動

まれにみる美人：近よりがたい

美しい量子物理学：近よりがたい

第2章
量子物理学と固体物理学

　本章では，固体物理において20世紀最大の理論とまでいわれている固体の帯理論を説明する．この帯理論によって，これまで説明できなかった金属の電気伝導がみごとに説明された．

　帯理論はシュレーディンガーの波動方程式からきれいに導かれるが，本章では，波動方程式を解くことなく，定性的に説明する．

2-1　帯理論とは？

　固体中の電子の状態を考えるには，固体を形成している原子の電子状態にさかのぼって考える必要がある．

　そこでまず原子の状態を考えてみよう．

　原子の構造は，ボーア（Bohr）の水素原子模型で表される．図 2-1 に示すように，電子は陽子の周りを円軌道を描いて回っている．これはちょうど地球を含む惑星が太陽の周りをまわっているのと同じような状態である．

　ボーアモデルでは，円軌道に入れる電子の数は決まっており，またその電子のエネルギーも決まっている．図 2-1 の一番内側の円軌道には，2個の電子が，そのときのエネルギーは -13.6 eV，次の円軌道には8個の電子

が，またエネルギーは−3.4 eV である．これらのエネルギーをエネルギー準位を呼ぶ．

2番目の円軌道に8個の電子が入れるといったが，もう少しくわしく見ていくと，この円軌道はエネルギー的に非常に接近した4個の円軌道からできていて，それぞれの円軌道には2個の電子が入れる．このエネルギーの様子を図2-2に示す．

固体はこれらの原子が集まってつくられている．いま2個の原子がだんだん近づいてきた場合を考えよう．そうすると外側の電子は，それが属している原子によるだけではなく，近づいてきた原子の影響を受けて，エネルギーが少し変化して，2つのエネルギーに分かれる．

両原子がさらに近づくとそのエネルギー変化は大きくなり，また内側の軌道の電子も影響を受けるようになってエネルギーが変化して，2つのエネルギーに分かれる．この様子を示したのが図2-3である．

☕ Coffee break

ボーア（N. Bohr, 1885〜1962）　デンマークの理論物理学者で，生理学教授を父に持ち，コペンハーゲン大学で学び，そこでサッカー選手として優れた能力を発揮した．コペンハーゲン大学物理学教授となり，この水素原子模型の提唱に対して1922年ノーベル物理学賞を受賞した．

1940年ヒトラーがデンマークを占領したとき，ボーアは投獄をおそれてアメリカに亡命した．デンマークを去るときノーベル賞の金メダルを酸で溶かしておき，戦後コペンハーゲンに帰国して再び酸から沈殿させて，鋳造し直した．これは戦禍が過ぎ去ったことを誠によく象徴した事件であった．

2−1 帯理論の定性的な説明

電子
−3.4 eV
−13.6 eV
陽子
$n=1$
$n=2$

図 2-1

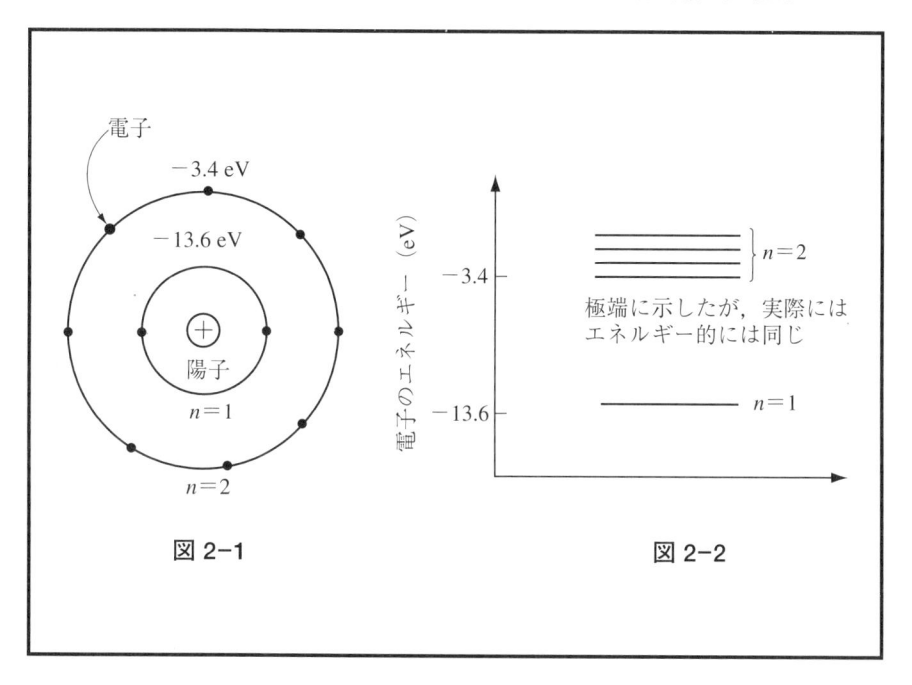

電子のエネルギー (eV)
−3.4
−13.6
$\Big\} n=2$
極端に示したが，実際には
エネルギー的には同じ
$n=1$

図 2-2

エネルギー準位の分離

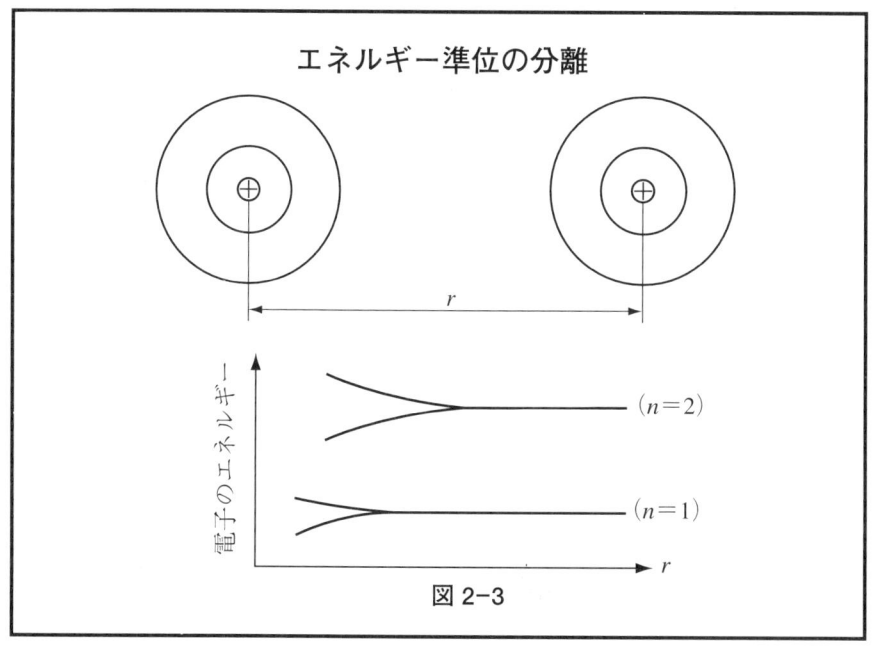

r

電子のエネルギー
$(n=2)$
$(n=1)$
r

図 2-3

3つの原子が近づくと，図 2-3 のエネルギーは 3 つに分かれ，8 個の原子が近づくと，8 つに分かれる．すなわち集まった原子の数だけエネルギーの値は分かれる．

この考え方を固体に応用してみよう．固体は 1 cm^3 あたり約 10^{23} 個（アボガドロ数）の，非常に多数の原子の集団である．そのためこのエネルギー準位は，10^{23} 個に分裂し，膨大な数になり，分裂した 1 個 1 個のエネルギー準位は非常に密集して，実際には連続な帯になると考えてもさしつかえない．

したがってこのような場合には，図 2-4 のように，分裂したエネルギー準位をすべて含むような 1 つの領域を考えることができる．これがすなわち

エネルギー帯（energy band）

である．

エネルギーが分裂してできたエネルギーの帯は，電子が入ることができ，この帯を

「許容帯（allowed band）」

という．また許容帯と許容帯との間には，電子が入れないので，この部分を

「禁制帯，あるいは禁止帯（forbidden band）」

という．

以上をまとめると，1 個の孤立原子の取りうるエネルギーは 1 本のエネルギー準位で表されるが，固体中の電子のエネルギーは，1 本の準位ではなくそれが束，すなわち帯になる．

このようなエネルギーの考え方が，

「エネルギー帯理論（band theory）」

である．

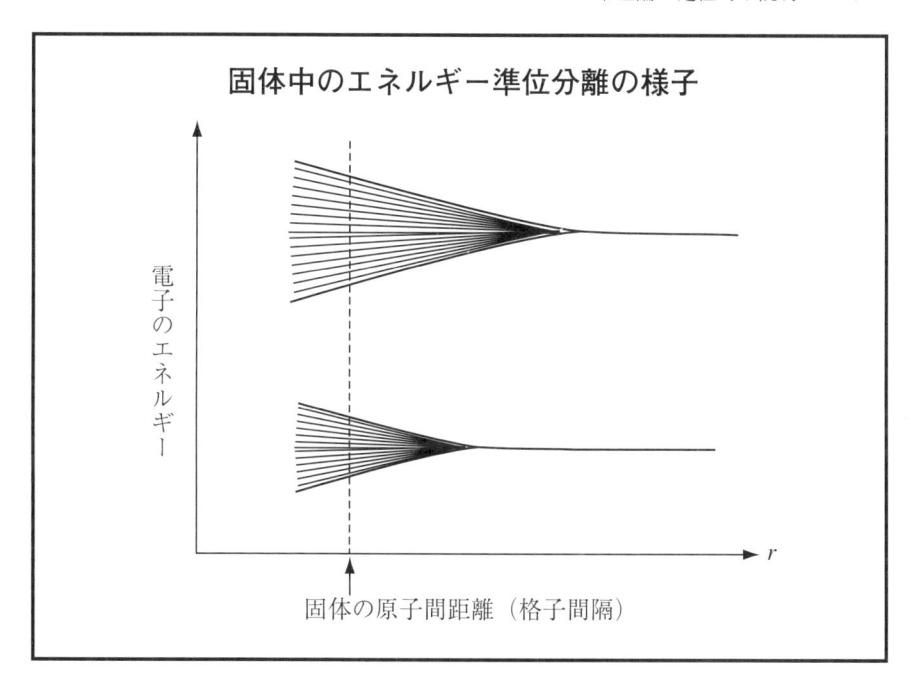

固体中のエネルギー準位分離の様子

固体の原子間距離（格子間隔）

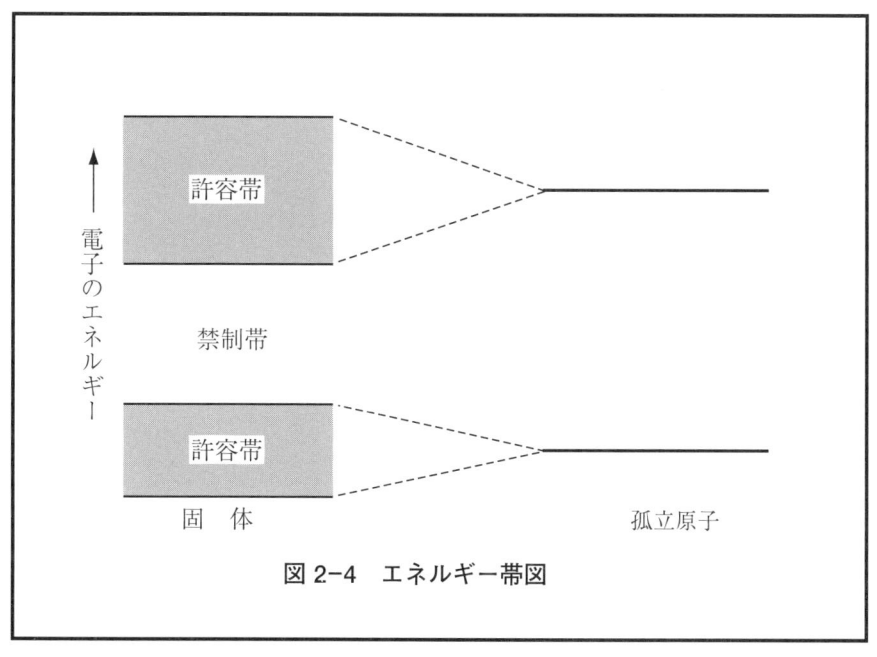

図 2-4　エネルギー帯図

2-2　導体・半導体・絶縁体のエネルギー帯構造はどうなっているか？

　許容帯の中に入れる電子の数は，パウリの排他率で，ある一定の数しか入れない．これはコップの中には一定量の水しか入れることができないのと同じである．

　図 2-5 に示したエネルギー帯には，電子が入っている状態として図 2-6 の (a) と (b) の 2 つの場合しかない．

　すなわち，

図 (a) のように，ある許容帯まですべて電子が入っていて，次の許容帯は電子がまったく入っていない状態．と，

(b) のように，ある許容帯は完全に電子が入っていて（この状態を**充満帯**と呼ぶ），その上の許容帯は半分程度電子が入っていて（**半満帯**と呼ぶ），それより上の許容帯は完全に空である場合（**空帯**と呼ぶ）．

の 2 種類しかない．

　これはホテルの客の入り方と同じである．いま 10 階建てのホテルを想像しよう．各フロアーには 10 室あり，1 室には 2 人ずつ泊まれるとする．60 人の客が泊まったとすると，3 階までは満室となり，4 階から上の階はすべて空室となる．これが (a) の状態である．90 人が泊まったとすると，4 階までは満室となり，5 階は半分の部屋は空き室で，6 階以上はすべて空き部屋となる．これが (b) の状態である．

　電子が完全に詰まっている充満帯中の電子は動くことができない．したがって (a) の場合には電界を加えても電子は動くことができず，電流は流れない．これが絶縁体である．

　ところが半満帯中の電子は動くことができるので，電界を加えると電流が流れる．これが導体である．

　このことは先のホテルの例でもわかるように，満室の階では，客はそのフロアーではほかの部屋へ移動することができない．しかし満室でないフ

許容帯

禁制帯

許容帯

禁制帯

許容帯

図 2-5

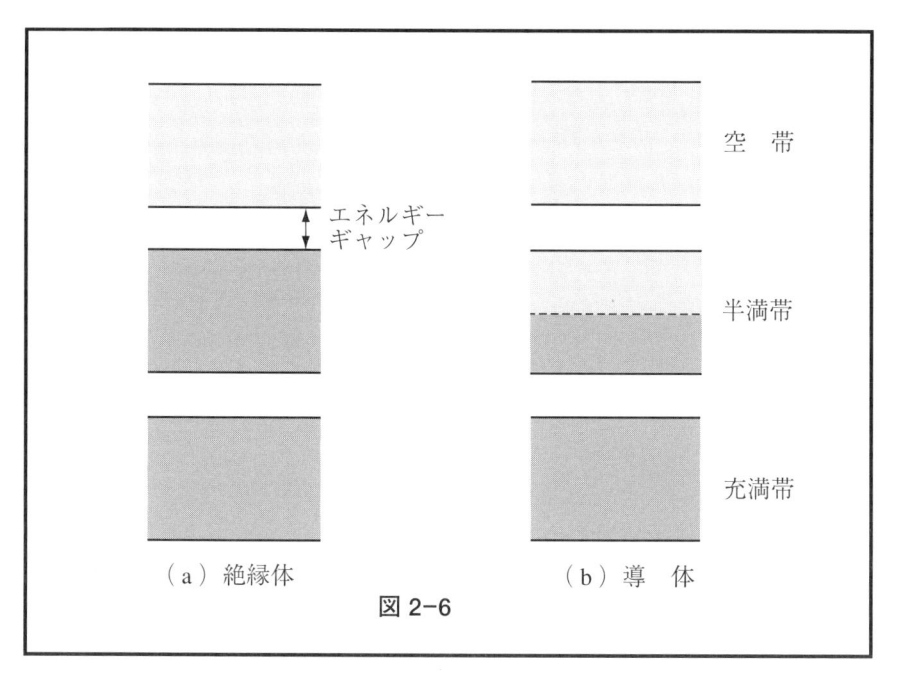

空　帯

エネルギー
ギャップ

半満帯

充満帯

（a）絶縁体　　　　（b）導　体

図 2-6

ロアーの客は，同じフロアーの別の部屋に移動することができる．これと同じである．

それでは半導体とは，一体どのようなエネルギー帯構造であろうか．結論を急ぐと，

「**半導体は絶縁体と同じエネルギー帯構造**」

で，ただ違うのは，充満帯と空帯との間の禁制帯の幅（これを単にエネルギーギャップと呼ぶことが多く，E_g と記す）が，大きいか小さいかの違いだけである．次にそれを説明しよう．

図 2-7 で，温度が高くなると，充満帯中の電子の一部は熱エネルギーによって，空帯に移ることができる．空帯に移った電子は自由に動くことができる．また電子が空帯に移ったため，充満帯に一部電子の空席ができるので（この空席を「**正孔**（positive hole）」と呼ぶ），充満帯中の電子もわずかではあるが動くことができるようになる．すなわち少し電流が流れるようになる．

エネルギーギャップが大きい場合と小さい場合では，同じ熱エネルギーでも，小さい方が充満帯から空帯にあがる電子の数は多く，電流はよく流れる．すなわち，これが半導体である．

目安として，エネルギーギャップが 5 eV 程度より小さい場合が半導体で，それよりも大きい場合が絶縁体である．

2-3 何が導体になり，何が絶縁体になるか？

許容帯中に入れる電子の数について調べてみよう．前節の図 2-3 からわかるように，孤立原子の各エネルギー準位には，2 個の電子が入れる．これはパウリの排他率により決まっていることで，電子は自転していて，右回りと左回りがあるので，1 つのエネルギー順位には 2 個の電子が入る．

もしも 10 個の原子が集まってエネルギー準位が 10 個に分裂すると，その 10 個の分裂したエネルギー準位には，計 20 個の電子が入れる．固体では 10^{23} 個に分裂してできた許容帯には，2×10^{23} 個の電子が入れることに

帯中の電子の動き

電界なし

充満帯の電子は動けない　　半満帯の電子は動ける

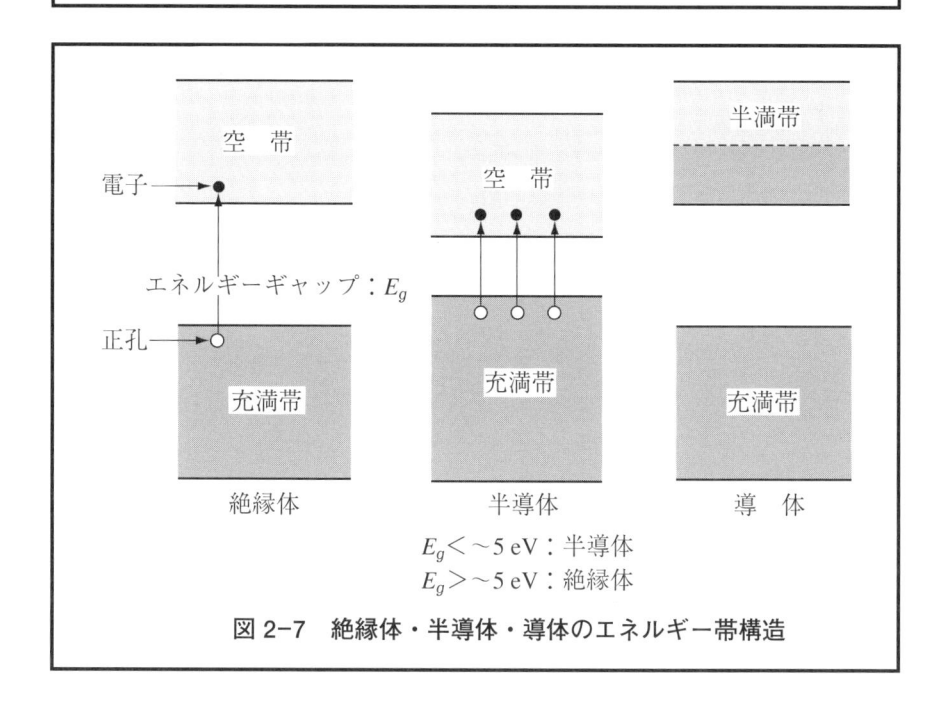

電界あり

$E_g < \sim 5\,\text{eV}$：半導体
$E_g > \sim 5\,\text{eV}$：絶縁体

図 2-7　絶縁体・半導体・導体のエネルギー帯構造

なる.
すなわち,
「許容帯に入れる電子の数は必ず偶数」
である.
このことから次のような重要な結論が得られる.

「1つの許容帯に入れる電子の数は偶数であるから,偶数価原子からなる固体は,ある許容帯まで完全に電子で占められ,その上は空帯になるので,図 2-6 (a) のエネルギー帯構造になり,絶縁体(半導体も含む)になる.
　奇数価原子からなる固体は,ある許容帯までは電子で満たされるが,その上の許容帯は半分しか電子で満たされず,図 2-6 (b) に示すように半満帯となり,この固体は導体になる」

上の結論が本当に正しいか否かを調べてみよう.表 2-1 に周期律表の一部を示す.
1 価の Cu,Ag は奇数価原子なので,半満帯になり導体である.同様に 3 価の Al,Ga,In,5 価の P,As,Sb などは,たしかに導体で,上の結論と一致する.
次に偶数価原子からなる固体をみてみよう.6 価の S,Se,Te は絶縁体,あるいは半導体である.また 4 価の C,Si,Ge なども半導体であり,上の結論と一致する.
2 価の Zn,Cd はどうであろうか.上の結論からすると,これらは絶縁体または半導体でなければならない.
しかし実際にはこれらの固体は,よく知られているように導体であり,上の結論とは相反する.このことは上の結論からでは説明できないことがらとして有名な問題であった.さらにこれら 2 価の固体をくわしく調べてみると,電気を運ぶものが,電子ではなくてプラスの電荷によることも明

許容帯に入れる電子数：偶数

その結果として,

偶数価原子からなる固体：絶縁体（半導体）
奇数価原子からなる固体：導体

となる.

表 2-1 周期律表

I	II	III	IV	V	VI	VII
Li	Be	B	C	N	O	F
Na	Mg	Al	Si	P	S	Cl
Cu	Zn	Ga	Ge	As	Se	Br
Ag	Cd	In	Sn	Sb	Te	I

らかになった．

ところが現在ではこの問題もみごとに解決されている．それはエネルギー帯の重なり合いで説明できる．

いままでの議論は，1次元の議論であるが，3次元構造を考えると，ある場合には図2-8(a)に示すように充満帯と空帯とが重なり合う場合が現れる．そうすると図(b)のように，許容帯の大部分が電子で満たされて，上の方のわずかの部分に電子の入っていない領域ができる．このような帯構造の電気伝導機構は，図2-7で説明したように正孔で電流が流れる．

以上のエネルギー帯による電気伝導機構の説明は，20世紀の固体物理学の最大の成果の一つである．

なおこの結論から，3価のGa（導体）と5価のAs（導体）を化合させてGaAsにすると，平均の原子価（平均の最外殻の電子数）は(3+5)/2=4となる．すなわち偶数になるので，絶縁体（半導体）になる．実際，GaAsはレーザなどに使われている半導体である．このことは上の結論が正しいことを示している．

2-4 実効質量とは何か？

電子の許容帯の中での動きについて説明しよう．

電子が固体中を動く場合には，格子などに衝突したりするため，一般には真空中を動くとき（これを自由電子という）に比べると，動きにくい．この動きにくいことを，あたかも電子の質量が大きくなったと考える．われわれも体重の軽い人は，重い人に比べると機敏に動くことができる．

これと同じように電子の動きを質量に置き換えて考えるのである．この置き換えた質量が「**実効質量**」で，一般には m^* と記す．すなわち固体中を動く電子は，質量が m^* の自由電子のように取り扱うことができる．

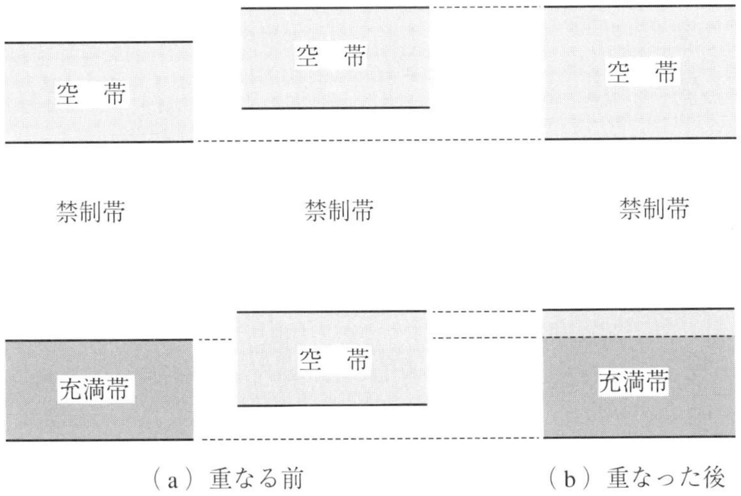

図 2-8　エネルギー帯の重なり

（a）重なる前　　　　　（b）重なった後

固体の帯理論
(Band Theory)

20世紀固体物理学の最大の成果

実効質量の考え方を用いると，許容帯中の電子の実効質量は，許容帯のどこに入っているかで変わってくる．図 2-9 に示すように，許容帯の下（すなわちエネルギーの小さい）方に入っている電子の実効質量は，正で（$m^* > 0$）あるが，上の方（エネルギーの大きい方）にある電子の質量は負（$m^* < 0$）になる．

2-5　負の質量とは何か？

それでは「**負の質量（negative mass）**」とは一体どういうものであるかを考えてみる．石を手に持って放すと，石は重力の加速度 g のために

$$f = mg$$

の力によって落下する．もしも m が負であると，f と g とは反対方向になるから，その物体は重力の加速度とは反対の方向，すなわち上に動くことになる．

重力に逆らって上の方に動く物体は，実際にあるであろうか？　答は"yes"である．身近な例として，ビールの泡がそれである．ジョッキに注がれたビールからは泡が出るが，この泡は重力の加速度とは反対に，上に上がってくる．これは泡の質量が負であることを示している．すなわち

「**負の質量の電子とは，ビールの泡**」

のようなものである．

この実効質量の考えを用いると，許容帯が電子で充満されているとき電界を加えても電流が流れないことがきれいに説明できる．許容帯中の下の方の電子は，正の質量であるので，電界と反対方向（電子の電荷が負であるので）に加速される．ところが許容帯の上の部分の電子の実効質量は負であるので，電界と同じ方向に加速される．したがって上と下では電子の動きが逆方向になり，両者が相殺して，結果的には電流が流れないことになる．

負の実効質量は，実験的にも認められている．なお負の実効質量がなぜ現れるかは，波動方程式を解いていくと求められるが，本章では省略する（たとえば，拙著『半導体工学（第 2 版）』48 ページ参照）．

実効質量：電子の動きやすさを質量に換算

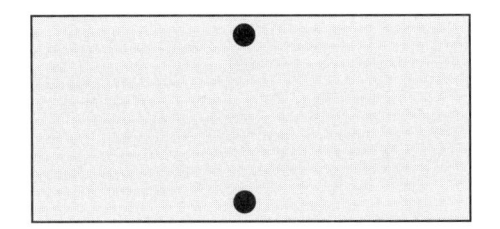

$m^* < 0$
負の質量

$m^* > 0$

図 2-9　固体中の電子の運動

負の質量の説明

負の質量
（重力にさからって上にあがる）

第3章
固体物理学と半導体物理学

3-1 半導体発展の歴史

　表 3-1 は，半導体の発展の様子を表にまとめたものである．文献に残っている最初の半導体現象の観測は，1833 年ファラデー（Faraday）が，AgS の抵抗が温度上昇に伴って減少することを観測したのが最初である．
　1874 年になってシュスタ（Schuster）は，表面がさびた（酸化）銅の電圧-電流特性が，非直線性になることを観測した．その後いろいろな物質で非直線性が現れることが，多くの人々によって観測された．
　当時はもちろん固体物理が発展していなかったので，このような非直線性がなぜ現れるかはまったく不明であった．
　1920 年になってアメリカのグロンダール（Grondahl）は，シュスタの見いだした非直線性を積極的に取り入れ，いわゆる亜酸化銅整流器をつくった．しかし当時の整流比は 3：1 程度であった．これが金属-半導体整流器の最初のものである．
　当時の物理学界は，量子物理学が体系づけられ始めた頃で，1926 年にはシュレーディンガーの波動方程式が発表され，1928 年には，前章で説明した帯理論の輝かしい理論が展開され，固体の電気伝導機構が明らかにされ始めた．1932 年にウィルソン（Wilson）は，このまったく新しい量子物理学の知識をもとにして，これまでの金属-半導体接触の整流特性をみごとに説明した．このウィルソンの理論は，量子物理学的トンネル効果に

よるモデルであった．また彼は初めて正孔（positive hole）の概念も提唱した．

ところがその6年後の1938年，ダビドフ（Davydov）は，ウィルソンの整流理論は実際の整流方向とは逆になっていることを指摘し，ウィルソンモデルは誤りであることを指摘した．

ダビドフの指摘により，整流理論はまったく白紙の状態に戻ってしまった．そこでイギリスのモット（Mott），ドイツのショットキー（Schottky）らは，電子のトンネル効果ではなく電子の拡散モデルにもとずく整流理論を発表し，整流方向も実際とよく一致し，金属−半導体の整流理論が確立された．このモデルは，「ショットキーモデル」と呼ばれている．

ちょうどその頃，トランジスタを発明したショックレー（Shockley, 1910〜1989年）は1932年カリフォルニア工科大学を卒業し，1936年マサチューセッツ工科大学で博士号を取得して，ベル研究所に就職した．彼はこの金属−半導体の非直線性を利用すれば，真空管と同じ増幅器ができるのではないかと考え，その研究を行った．しかしいくら実験をしてもまったく増幅作用は観測されなかった．ときは10年近く流れてしまい，彼と一緒に研究していた同僚は1人去り，2人去りして，ついにブラタン（Brattain, 1902〜1987年）1人になってしまった．ショックレーは困り果て，同僚のバーディーン（Bardeen, 1908〜1991年）に「なぜ自分の研究は失敗ばかりしているのであろうか」と相談した．そのときバーディーンは「それは半導体の表面の状態（表面準位）がよく理解されていないためではなかろうか」といった．

そこでショックレーはそれならば半導体の表面の研究からやり直そうと思い，ブラタンと表面の研究に取りかかった．ブラタンは，半導体の表面の端に電圧をかけ，表面の電界分布がどうなっているかを調べていった．探針が印加電圧用の針に接近したとき，探針側の電圧がたまたま大きくふれることを1948年に観測した．この偶然の発見が点接触トランジスタで，現在の半導体の隆盛を招く発端となった．

表 3-1 半導体発展の歴史

年	名前	事項
1833	ファラデー	AgS の負の抵抗温度係数を観測
1920	グロンダール	亜酸化銅整流器を試作
1926	シュレーディンガー	波動方程式の確立
1928	ブロッホ	固体の帯理論
1932	ウィルソン	トンネル効果による金属−半導体接触整流理論
1936	ショックレー	ベル研究所就職
1938	ダビドフ	ウィルソンモデルの誤りを指摘
1940	ショットキー	ショットキーモデル
1947	バーディーン	表面準位の考えを導入
1948	バーディーン ブラタン	点接触トランジスタの発見
1949	ショックレー	p-n 接合理論
1950	ショックレー	接合形トランジスタの試作
1952	ダンマ	集積回路 (IC) の概念を発表
1954	タウンズ	メーザ
1956	バーディーン ブラタン ショックレー	トランジスタの発明により ノーベル物理学賞を受賞
1957	江崎	トンネル (エサキ) ダイオード
1958	テキサスインスツルメント	集積回路の第 1 号試作
1964	タウンズ	メーザの発明によりノーベル物理学賞受賞
1970	ベル研究所	CCD
1970	江崎	スーパラティス
1973	江崎	ノーベル物理学賞受賞
1990		量子効果デバイス

それではなぜ点接触トランジスタが増幅するのか，まったく不明であった．ショックレーはこの増幅作用の機構は，1932年ウィルソンが提唱した正孔の概念を用いると説明できると考えた．そして，もしもこの自分の考えが正しければ，点接触ではなく，面接触のp-n接合を用いても増幅作用が現れるはずであることを明らかにし，1949年20世紀の最大の発明であるともいわれているp-n接合理論を発表した．

ベル研究所では，この理論を実証することを試みたが，そのためには，半導体の純度を99.99999999％ほどの超高純度にしなければならなかった．そこでまずその超高純度の半導体の精製からはじめ，翌年の1950年接合型トランジスタをつくり，p-n接合理論を実験的に証明した．これによって20世紀の輝かしいエレクトロニクスが発展していった．

このトランジスタの業績に対して，1956年バーディーン，ブラタン，ショックレーの3人がそろってノーベル物理学賞を受賞した（バーディーンは，1972年超伝導のBCS理論に対して，ふたたびノーベル物理学賞を受賞した．98ページ参照）．

トランジスタが世に出てから2年後の1952年には，現在広く用いられている集積回路（IC：Integrated Circuit）の概念が，イギリスのダンマ（Dammer）によって発表された．

☕ Coffee break

当時この増幅器は，パージスタ（Persistor）と名付けられた．それはショックレーの永年にわたる失敗にもかかわらず，執念深く研究を続けたその執念深さを称えて，執念深いという意味のPersistenceからPersistorと名付けられた．ところがこれではショックレーに失礼だということになり，この装置は抵抗器（resistor）を通して運ぶ（transfer）ので，"transfer"，"resistor"を合成して"transistor"と呼ばれるようになった．

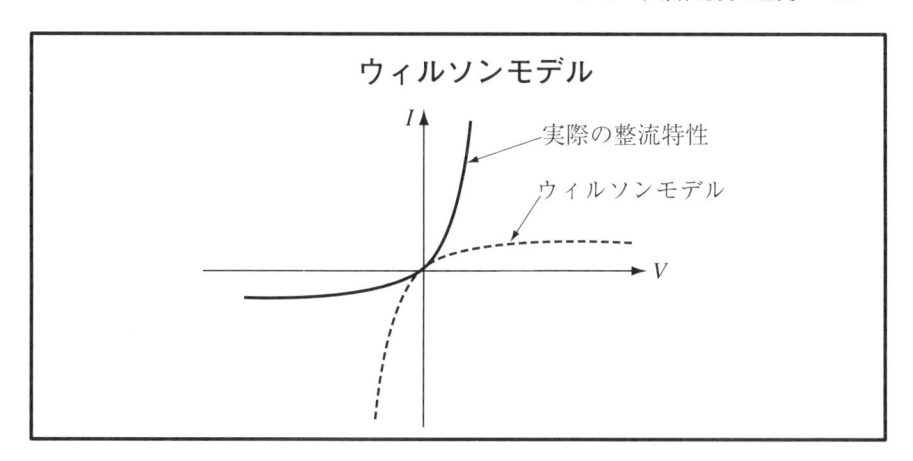

ウィルソンモデル

実際の整流特性
ウィルソンモデル

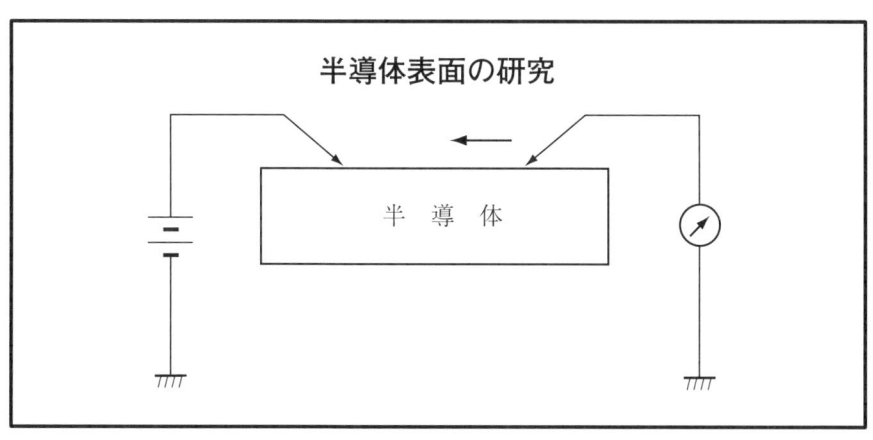

半導体表面の研究

半導体

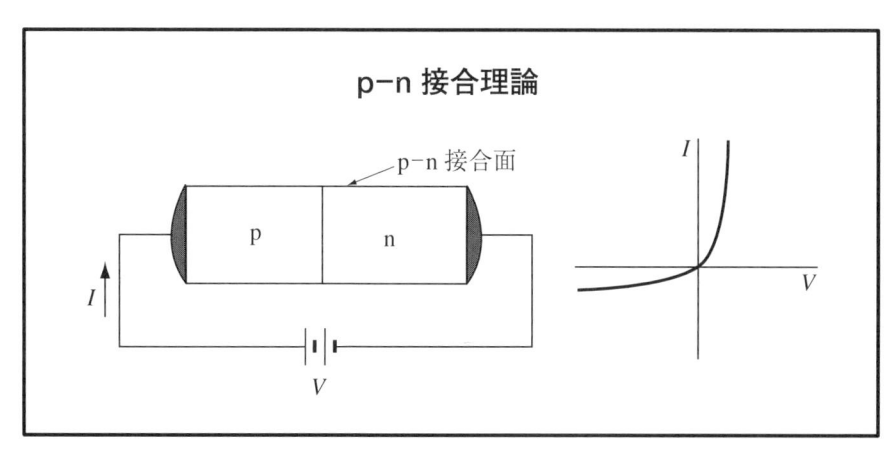

p-n 接合理論

p-n 接合面

p　n

I

V

1954年にはタウンズ（Townes）らがメーザを発表し，これが今日のレーザへと発展していった．この業績に対して，1964年ノーベル物理学賞が与えられた．

1957年わが国の江崎玲於奈氏によって，トンネルダイオードが発表された．またその副産物として，1932年ウィルソンの提唱したトンネルモデルの理論が，ある場合には正しいことも明らかにされた．江崎氏はこの業績に対して，1973年のノーベル物理学賞を受賞した．

1958年になってアメリカのテキサス・インスツルメントのキルビー（Kilby, 2000年ノーベル物理学賞受賞）がICの第1号を試作発表している．

1990年代に入って半導体デバイスは，量子効果を利用したデバイス（第7章参照）へと発展していき，現在にいたっている．

3-2 半導体の電気伝導現象

(1) 真性電導

すでに説明したように，絶対零度では半導体は電気が流れない．ところが半導体を温度 T ($T \neq 0K$) の状態においた場合，充満帯中の電子の一部は熱エネルギーを得て禁制帯を越えて空帯すなわち伝導帯に励起される．その結果充満帯（この場合とくに価電子帯と呼ぶ）中の電子の抜けた状態に正孔（positive hole）が発生して，伝導帯中の伝導電子（以下単に電子と呼ぶ）と，この正孔によって電気伝導現象が現れる（この電子と正孔をキャリアと呼ぶことがある）．

正孔濃度 p ならびに電子濃度 n については，$p=n \equiv n_i$ である．この電気伝導機構を**真性電導**（intrinsic conduction）という．図3-1はこの様子を平面図で，図3-2はエネルギー準位図で示した．

(2) 置換形（不純物）原子を含む電気伝導現象

結晶中の原子のいくつかがほかの原子で置換されると真性電導とは異なったキャリア濃度になる．4価のSi原子の一部を5価の原子，たとえば

3-2 半導体の電気伝導現象   **45**

真性半導体

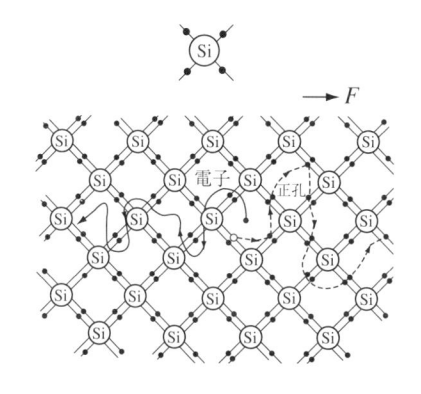

図3-1　真性電導機構の説明図（平面図）

図3-2　真性電導機構の説明図（エネルギー準位図）

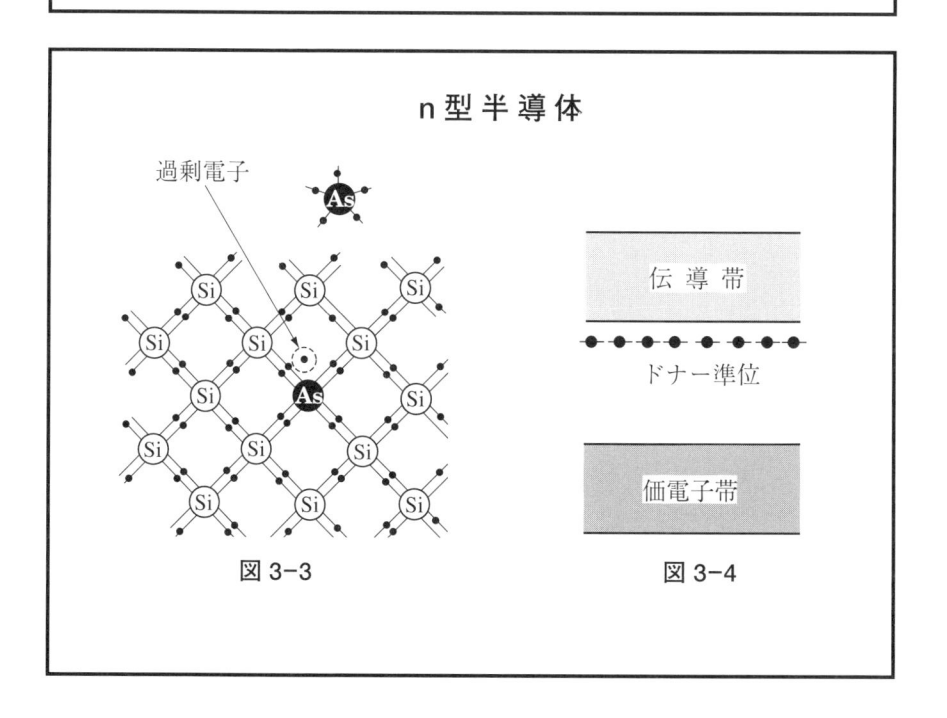

n型半導体

図3-3

図3-4

Asで置換すると，図3-3のようにSiの4個の結合の手に対してAs結合の手が1個あまるから，過剰な1個の電子はAsから離れて自由電子となり，後にAs^+イオンを残す．

低温では1個の電子はAs^+イオンとの電気的引力のためにAs^+イオンの付近にある．これをエネルギー準位で考えると，図3-4に示したように価電子帯から伝導帯に励起されるよりもはるかに小さなエネルギーで伝導帯中に電子を励起することができる．

したがって過剰な1個の電子は伝導帯のすぐ下に位置することになる．これを**ドナー準位**（donor level）といい，このような不純物を**ドナー**（donor）という．

逆に，Si原子の一部をAlなどの3価の原子で置換すると，電子が1個不足するから1個の正孔ができる（図3-5）．これをエネルギー的にいうと，価電子帯中の電子は，伝導帯へ励起されるよりもはるかに小さなエネルギーで，Alの準位に励起される．

したがってAlは図3-6に示すように，価電子帯のすぐ上の禁制帯の中に準位を作る．これを**アクセプタ準位**（acceptor level）といい，このような不純物を**アクセプタ**（acceptor）という．アクセプタ準位はふつう価電子帯の上数十分の1 eVのところに位置する．

ドナーを添加した半導体では，ドナーから負（**n**egative）の電荷をもった電子が伝導帯中へ熱励起されて電気伝導にあずかるから**n型半導体**，アクセプタを添加した場合には価電子帯の電子がアクセプタにとらえられた結果，価電子帯中にできた正（**p**ositive）の電荷をもった正孔が電気伝導にあずかるから**p型半導体**という．

なおこれに対して，3-2(1)項で説明した不純物を含まない真性電導型の半導体を**真性半導体**（intrinsic semiconductor）または**i型半導体**という．またp型ならびにn型半導体を**外因性半導体**（extrinsic semiconductor）ということがある．

これらの説明で明らかなように，半導体（絶縁体も）は温度が高くなる

p型半導体

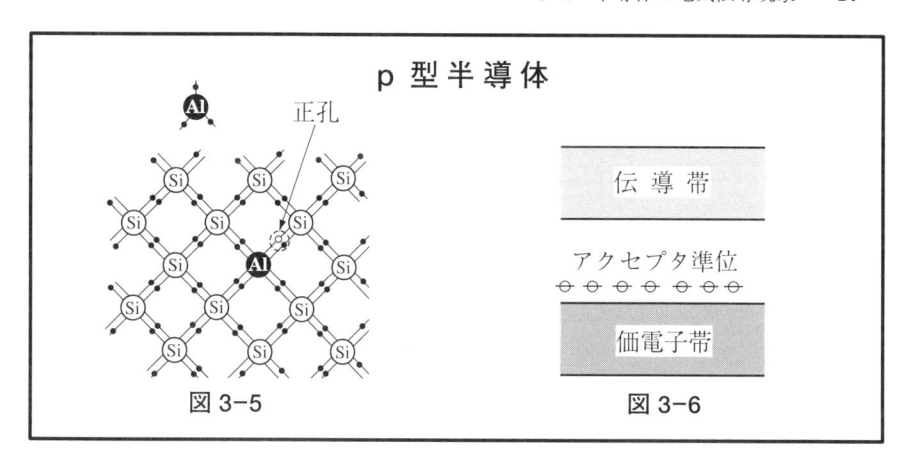

図 3-5

- Al
- 正孔
- Si

図 3-6

- 伝導帯
- アクセプタ準位
- 価電子帯

半導体の電導機構による分類

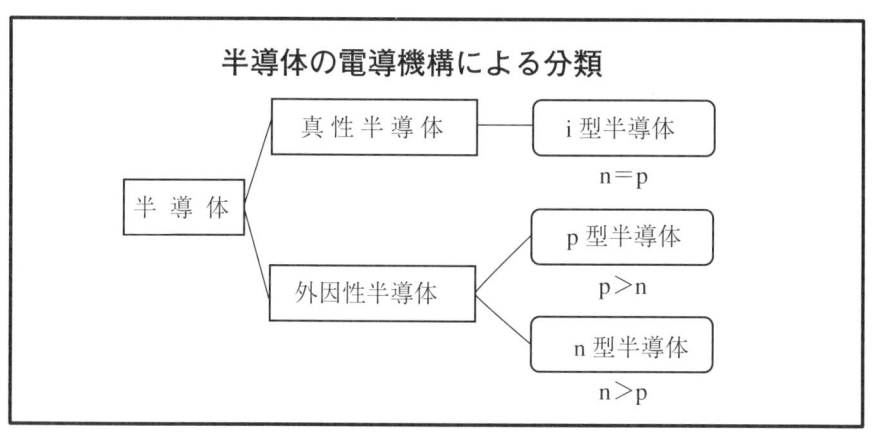

半導体
- 真性半導体 ─ i型半導体 ($n=p$)
- 外因性半導体
  - p型半導体 ($p>n$)
  - n型半導体 ($n>p$)

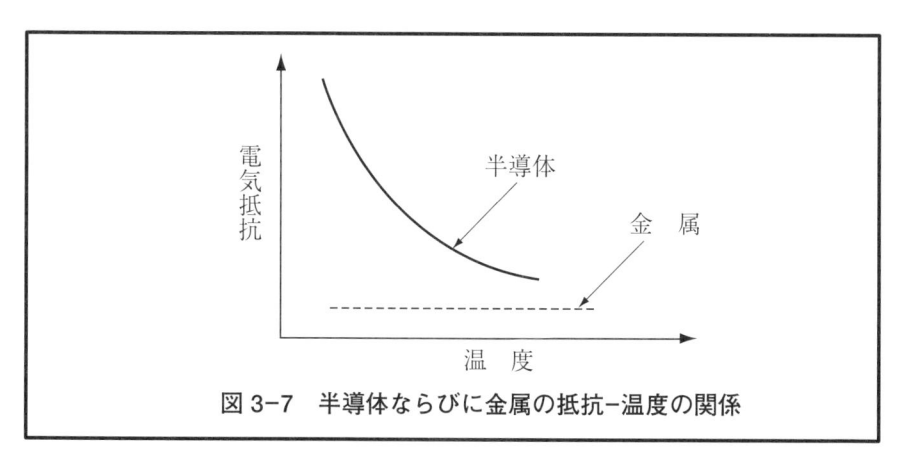

図 3-7 半導体ならびに金属の抵抗-温度の関係

(縦軸: 電気抵抗、横軸: 温度、曲線: 半導体、水平線: 金属)

と伝導電子ならびに正孔の数が増加するので一般に抵抗は小さくなる．

ちなみに金属は温度によって伝導電子数は変らないので，抵抗の温度依存性はほとんどない（温度が高くなると，格子の振動が大きくなり，電子が散乱されやすくなるので，金属では一般には抵抗はわずかに大きくなる）．

これらの様子を図 3-7 に示した．

3-3 半導体の純度はどのくらいか？ 不純物濃度は？

半導体は不純物を添加することによって，p 型，n 型の電気電導が得られる．それならば半導体はどの程度純粋にして，どの程度の不純物を添加するのであろうか？

一般には，99.99999999％の純度まで半導体を精製する必要がある．9 (nine) が 10 個 (ten) つくので，ten-nine と呼んでいる．この純度は 10^{10} に対して不純物が 1 個あるかないかである．すなわち 100 億個に 1 個の不純物である．これは地球全人口（60 億）に対して 1 人かそれ以下の値であり，いかに純度が高いかが想像できよう．

この程度に純化した半導体に，99.99999％程度のドナーあるいはアクセプタを添加して，n 型，p 型にする．

3-4 フェルミ準位（レベル）とは？

真性半導体では，電子と正孔の数は同じであるが，n 型半導体では電子の数が正孔よりも多く，p 型では正孔の数が電子よりも多い．

このように多いキャリアを**多数キャリア**，少ないキャリアを**少数キャリア**と呼ぶ．

ところで，この多数キャリア，あるいは小数キャリアの様子を表すのに，フェルミ準位という考えを用いることがある．フェルミ準位の考えは，本来フェルミ・ディラックの分布関数から出てくるものであるが，ここではたとえ話で説明しよう（くわしくは，拙著『半導体工学（第 2 版）』57 ペ

半導体の純度

10^{10} 個に 1 個の不純物

99.99999999％（ten nine）

地球上全人口に対して 1 人

半導体の電導型とキャリア

p 型 半 導 体	多数キャリア：正孔 少数キャリア：電子
n 型 半 導 体	多数キャリア：電子 少数キャリア：正孔

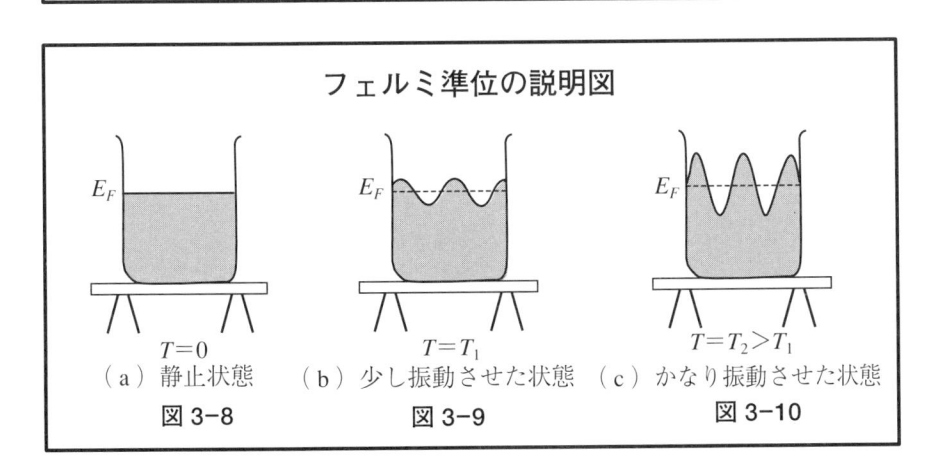

フェルミ準位の説明図

E_F

$T=0$
（a）静止状態
図 3-8

E_F

$T=T_1$
（b）少し振動させた状態
図 3-9

E_F

$T=T_2>T_1$
（c）かなり振動させた状態
図 3-10

ージ参照).

ビーカーの中に水を入れる．その水面がフェルミ準位である．図 3-8 のように，ビーカーを置いた台を静止させているときには，水面は水平で（この水面がフェルミ準位に対応する），E_F 以下の準位には，すべて水が入っており，E_F 以上の準位には水はまったくなく，これは $T=0\mathrm{K}$ に相当する．

図 3-9 のように，台を少し振動させると，水面が波打ち，E_F よりも少し低いところで水がわずかに入っていないところができる．

また E_F より少し上では，水がわずか存在する．しかし，E_F の準位では，水は半分占有されている．さらに強く振動させると，図 3-10 のように水面のゆれが，より大きくなる．振動が大きいということは，温度が高いことに相当する．ところがこの場合でも，E_F の準位では，水はやはり半分占有されている．

このような水面の様子がちょうどフェルミ・ディラックの分布関数で表される．

「フェルミ準位とは，その準位における占有率が $\dfrac{1}{2}$ になるエネルギー値である」

と定義できる．

このフェルミ準位の考え方を用いて，真性半導体，p 型半導体，n 型半導体のフェルミ準位がどこにくるかを考えてみよう．

真性半導体では，電子と正孔の数が等しくなければならないので，フェルミ準位は禁制帯の中央にこなければならない．

p 型は正孔が多く，電子が少ないので，フェルミ準位は禁制帯の中央よりも下に，n 型では逆に上にこなければならない．これらの様子を図 3-11 に示す．

この図からわかるように，フェルミ準位がどこにあるかで，p 型か，n 型か，あるいは真性半導体かがわかる．したがって，以降は，このフェルミ準位の位置で半導体の電導型を表すことにする．

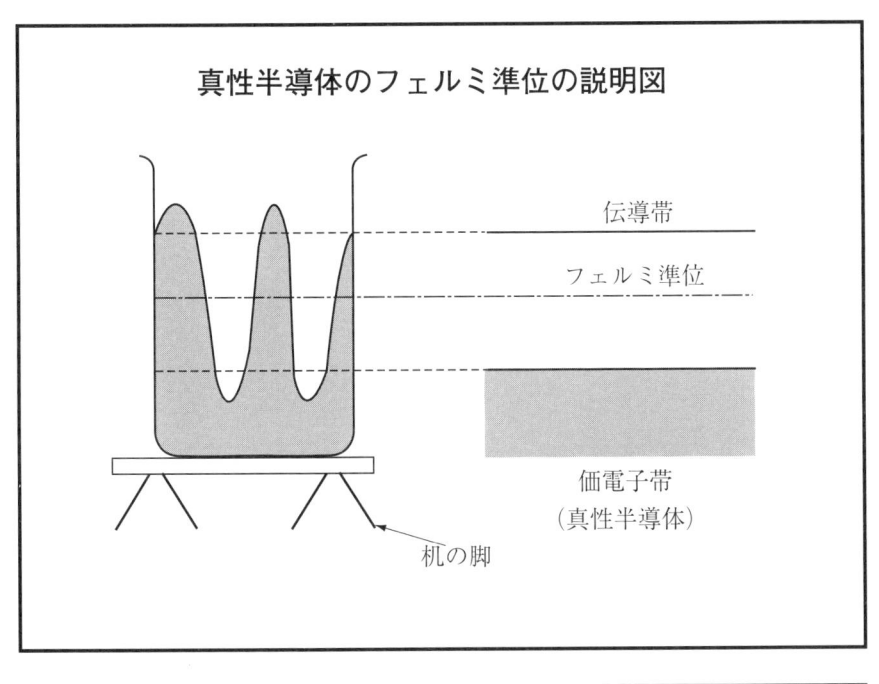

3-4 フェルミ準位（レベル）とは？ **51**

真性半導体のフェルミ準位の説明図

伝導帯

フェルミ準位

価電子帯
（真性半導体）

机の脚

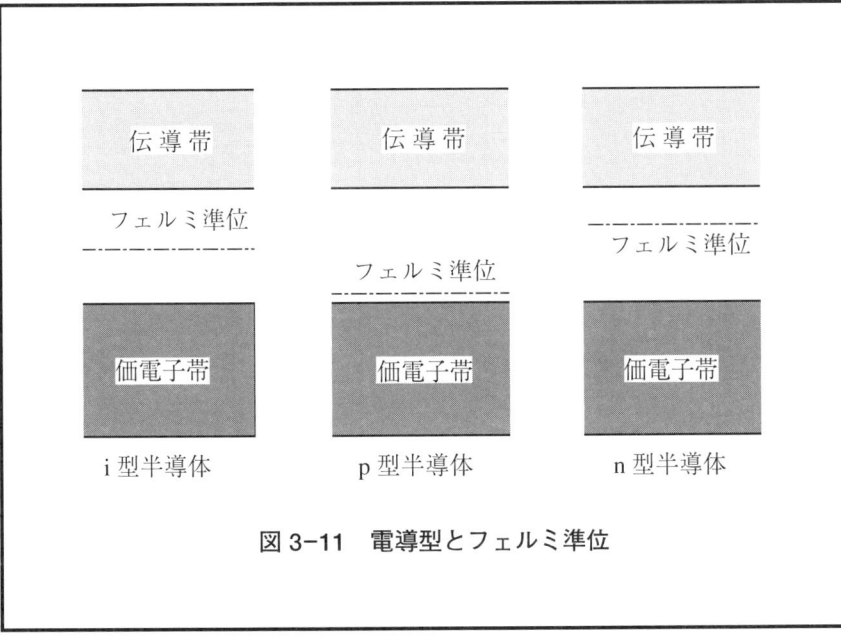

伝導帯	伝導帯	伝導帯
フェルミ準位	フェルミ準位	フェルミ準位
価電子帯	価電子帯	価電子帯
i型半導体	p型半導体	n型半導体

図3-11　電導型とフェルミ準位

3-5 p-n 接合

本章ではトランジスタならびに集積回路（IC）などの半導体デバイスの基礎になっているp-n接合の動作原理について説明しよう．

まずp-n接合におけるエネルギー準位図を考えて，それからp-n接合の電圧－電流特性を説明する．

（1）p-n接合のエネルギー準位図

3-2節で説明したように，p型およびn型半導体のエネルギー準位図は，図3-12（a）に示すようになる．普通の不純物濃度では，室温におけるフェルミ準位の位置は，p型の場合には価電子帯の上端よりやや上に，n型では伝導帯下端よりやや下にある．

このようなp型とn型の半導体を完全に原子的に接合（このような場合接触（contact）とはいわず，接合（junction）という）させ，両物体の間で電子のやりとりが自由に行われるという条件のもとに両物体間に平衡が成立する場合を考える．このとき，

「ある系が熱平衡状態にあるとき，
フェルミ準位は系のどこでも一定である」

という熱力学ならびに統計力学の原理に従って，接合後図3-12（b）に示すように，両者のフェルミ準位は一致しなければならない．

この過程をややくわしく説明すると，伝導帯中の電子濃度は，n型の方がp型よりも大きい．したがって両者を接合させると接合近くのn型中の電子はp型領域中へ拡散する．そうするとn型領域の接合近傍は，電子が少なくなり正にイオン化したドナーが残るため正に帯電し，またp型領域の接合近傍は過剰電子により負に帯電する．

その結果接合近傍には空間電荷層が生じ，電子がnからpに拡散するのを妨げるようになり，両者がバランスしたところで平衡に達する．同様なことが価電子帯中の正孔についてもいえる．正孔はp型領域からn型領域

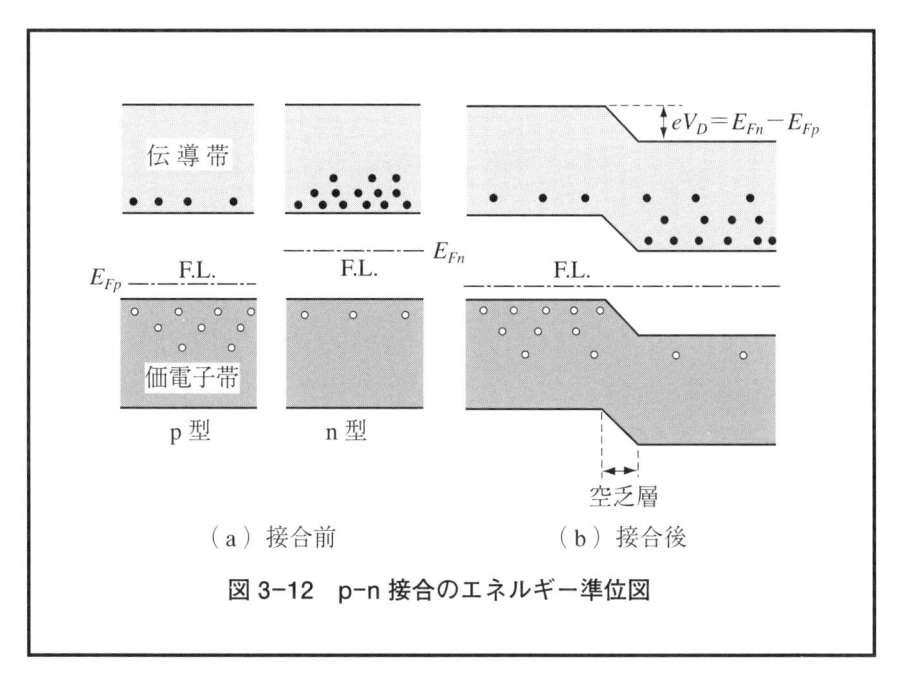

図 3-12　p-n 接合のエネルギー準位図

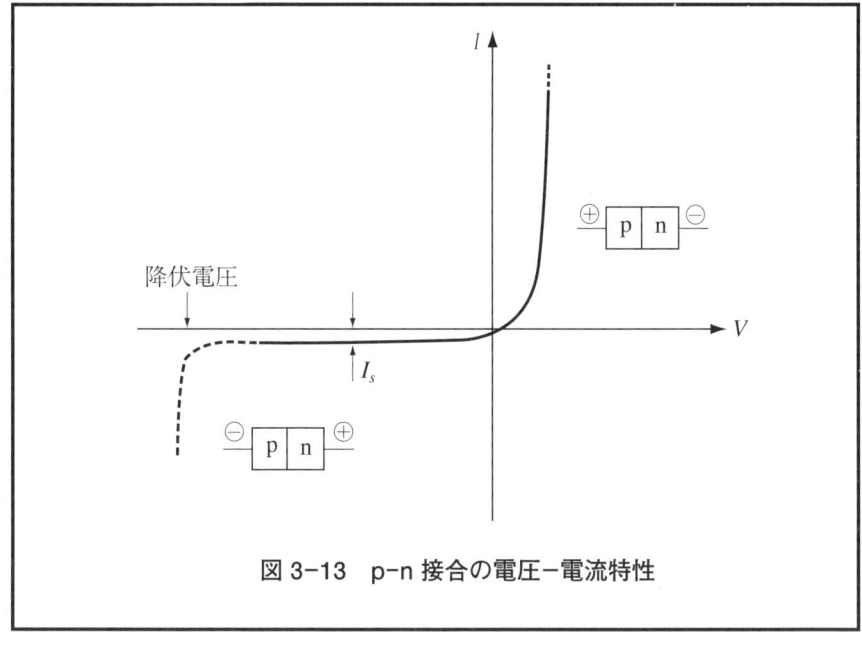

図 3-13　p-n 接合の電圧－電流特性

54 第3章 固体物理学と半導体物理学

中へ拡散し，接合近くの p 型領域には負にイオン化したアクセプタが残り，p 型領域は負に帯電する．

その結果接合部に生じた空間電荷層のために，接触電位差 V_D が発生する．この V_D を**拡散電位**（diffusion potential）と呼び，また接合部の空間電荷層には，多数キャリアが少なくなるので，この部分を**空乏層**（depletion layer）と呼ぶ．

この p-n 接合は，図 3-13 に示すように整流特性を示す．

（2）p-n 接合の電圧-電流特性

（a）整流性の定性的説明　図 3-14 に p-n 接合のエネルギー準位図と，キャリア濃度を図式的に示す．熱平衡状態では，p ならびに n 型領域中のフェルミ準位は一致している．

同図（a）は熱平衡状態で，図の準位 l に相当するよりも高いエネルギーをもった電子数は，p 型と n 型領域では等しく，また準位 l' 以下のエネルギーをもった正孔数も等しいので，接合を通して両領域でやりとりされる電子および正孔は平衡して，全体としては電流は流れない．

同図（b）は p 側には正，n 側に負の電圧 V を印加した状態で，n 型領域のエネルギーを p 型領域に対して eV だけ高めた状態になる．そのため準位 l 以上の電子は，n 型領域で多く，準位 l' 以下の正孔は p 型領域で多いため，その差に相当して矢印の方向へキャリアが移動して電流が流れる．

この場合 V が大きいほど両領域のキャリアの差も大きくなり，図 3-13 の第 1 象限のように電流は V の増加とともに急激に増加する．これが p-n 接合の順方向特性である．

逆に p 型領域が負，n 側が正になるように電圧 V を印加すると，エネルギー準位は図（c）のようになる．

この場合，準位 l 以上の電子は，p 型領域中の電子だけであり，順位 l' 以下の正孔は，n 型領域中の正孔だけである．

したがってこれらのキャリアが矢印の方向に流れる．これらのキャリア

(a) 熱平衡状態

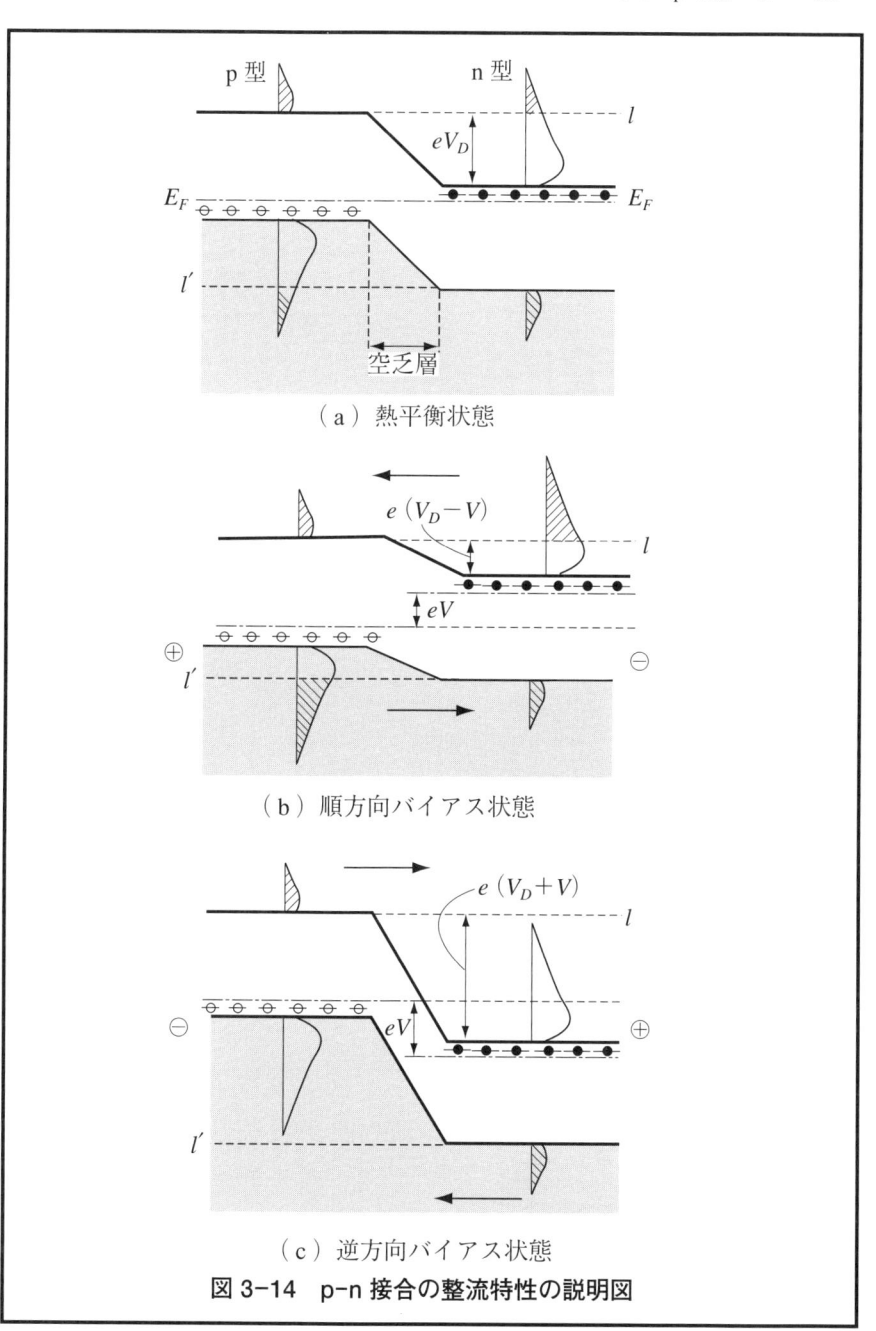

(b) 順方向バイアス状態

(c) 逆方向バイアス状態

図 3-14　p-n 接合の整流特性の説明図

はいずれも少数キャリアであるので,濃度は小さく,電流値は小さい.またこれらのキャリア濃度は,電圧を大きくしても変わらないので,図3-13の第3象限の実線で示すように電流値は電圧に無関係に一定になる.この特性が逆方向特性であって,この逆方向一定電流を**逆方向飽和電流**(saturation current)という.

ところでpに正,nに負の電圧 V を印加すると,なぜ図3-14(b)のようになるかを説明しよう.まず,なぜ正電位の方が下がって負電位の方が上がるか(図において)である.それは,図3-14の縦軸は電子に対するエネルギーをとっているためである.すなわち電子は,正に印加された方に動く.ということは,正の方が負よりも電子に対するエネルギーは小さくなる.したがって正のほうが下がる.

またもう一つ,印加電圧 V がなぜpとnのフェルミ準位の差としてのみ現れるかである.それは,pとnとの接合部分は,空乏層になっているので,キャリアが少ない.

したがってこの空乏層の電気抵抗が,ほかの部分よりも大きいので,印加電圧の大部分がp-nの空乏層に加わる.その結果接合部分で両者のフェルミ準位の差が eV となる.

3-6　トランジスタ

本章では,現代エレクトロニクスの主軸をなすトランジスタについて,その物理的動作原理,ならびに電気的特性について説明しよう.

なおトランジスタは p-n-p(または n-p-n)接合型トランジスタで代表されるが,集積回路では,電界効果トランジスタの一種である MIS(または MOS:Metal Insulator(Oxide)Semiconductor)トランジスタが多く使われている(図3-15).

トランジスタの種類

接合型トランジスタ —— バイポーラトランジスタ

p-n-p, n-p-n 接合

電界効果型トランジスタ —— ユニポーラトランジスタ

MIS（MOS）トランジスタ

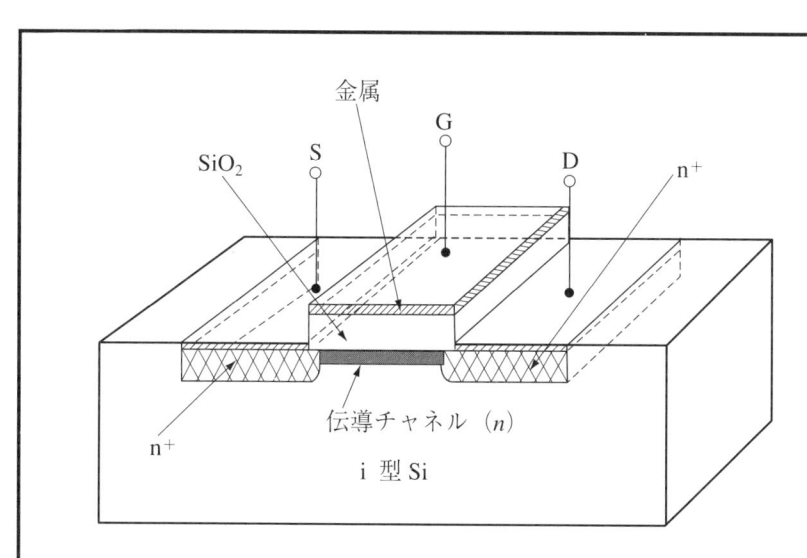

図3-15 MIS型電界効果トランジスタの構造図

(1) 接合形トランジスタの基本動作

接合形トランジスタの基本の型を図 3-16 に示す．これは p-n 接合にもう 1 つの接合をつけて，p-n-p 接合としたもので，1 つの接合を順方向に，他方の接合を逆方向にバイアスしておく．

順方向にバイアスされた接合を**エミッタ接合**，逆方向にバイアスされた接合を**コレクタ接合**と呼び，図示のようにそれぞれの層を**エミッタ** (emitter)，**ベース** (base)，**コレクタ** (collector) と呼ぶ．なお n-p-n 型もあるが，以後断らないときには，p-n-p 型を考える．

接合形トランジスタ（これから述べるように，接合形トランジスタは電子と正孔によって増幅作用が現れるので，バイポーラトランジスタ (bipolar transistor) と呼ぶ場合がある）で，なぜ増幅作用が現れるかを考えてみよう．

エミッタ電流 I_E -エミッタ電圧 V_E の特性は，p-n 接合の順方向特性であるから，図 3-17（b）のような特性になる．またコレクタ電流 I_C -コレクタ電圧 V_C の特性は，同図（a）に示すように p-n 接合の逆方向特性に相当する．

いまエミッタ電圧が ΔV_E だけ変化したときのエミッタ電流の変化を ΔI_E とする．もしも ΔI_E によってそれと同じ程度の電流変化 $\Delta I_C = \alpha \cdot \Delta I_E \fallingdotseq \Delta I_E$ $(1 > \alpha \fallingdotseq 1)$ が，コレクタ側に引き起こされたとすると，図 3-17 の特性曲線から，これだけの電流変化を生じるに足りるコレクタ電圧の変化 ΔV_C は，ΔV_E に比べてはるかに大きいはずであって，$\Delta V_C \gg \Delta V_E$ である．したがってエミッタ側の入力電力 $\Delta P_E = \Delta V_E \cdot \Delta I_E$ と，コレクタ側の出力電力 $\Delta P_C = \Delta V_C \cdot \Delta I_C$ の比は

$$\frac{\Delta P_C}{\Delta P_E} = \frac{\Delta V_C}{\Delta V_E} \frac{\Delta I_C}{\Delta I_E} = \alpha \frac{\Delta V_C}{\Delta V_E} \gg 1 \tag{3-1}$$

となり，非常に大きな値になる．すなわち電力が増幅された結果になる．

以上の説明では，コレクタ電流の変化 ΔI_C がエミッタ電流の変化 ΔI_E にほぼ等しいと仮定した．この仮定が成り立つためには，エミッタ電流の大

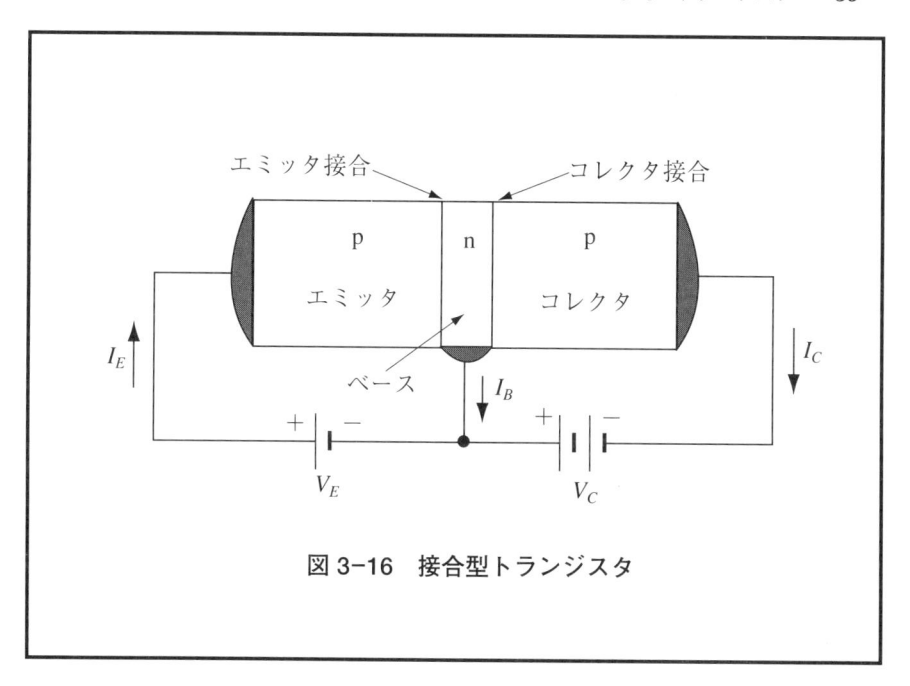

図 3-16 接合型トランジスタ

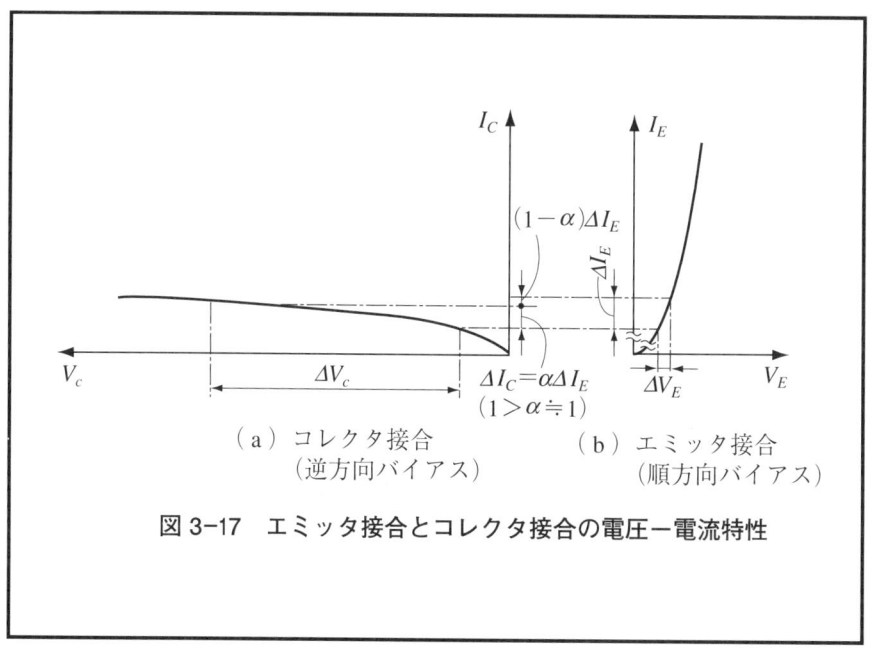

（a）コレクタ接合
　　（逆方向バイアス）

（b）エミッタ接合
　　（順方向バイアス）

$\Delta I_C = \alpha \Delta I_E$
$(1 > \alpha \fallingdotseq 1)$

$(1-\alpha)\Delta I_E$

図 3-17 エミッタ接合とコレクタ接合の電圧－電流特性

部分が正孔電流であり，この正孔電流がそのままコレクタに到達すればよい．この仮定が実際の接合形トランジスタでは成り立つように設計される．

3-7 集 積 回 路

近年**集積回路**（IC, Integrated Circuit）は非常な勢いで発展し，すべての電子製品には必ず IC が使われているといってもいいすぎではない．本章ではこの IC の意義，その限界について概説する．

（1）集積回路の沿革

集積回路の基本的な考え方は，1952 年ダンマ（Dummer）によって最初に発表された．彼は半導体結晶中に，接続線のない電子部品を作ることができるであろうと発表した．そして 1956 年，Si の抵抗体としての機能を調べ，翌年 Si でフリップ・フロップ回路を試作，発表した．1 年後の 1958 年にはキルビー（Kilby）が，Si 単結晶片で簡単な位相発振器を試作，発表している（この業績で 2000 年ノーベル物理学賞受賞）．

この当時の集積回路は，まだ実験室的な規模のものであったが，1960 年代に入ってからは電子計算機などに集積回路が急速に採り入れられた．

その後，短期間のうちに集積回路の経済性・信頼性ならびに使いやすさに対する将来性が明らかにされ，1963～1964 年頃にはディジタル回路を主体にして実用化の段階に入り，同時にアナログ回路への適用も研究され始めた．

1965 年頃からは，集積化の集積度が単位機能回路からさらに高次のシステム構成要素に高められる方向に向かい，**大規模集積回路**（LSI, Large Scale Integration）へと発展，現在では超 LSI（Ultra Large Scale Integration）が一般的になりつつある．

図 3-18 は，半導体集積回路の小型化の年次推移を示したものである．半導体集積回路にはいろいろな機能回路があるが，メモリ回路を例にとると，メモリ回路の大きさは，"0" と "1" の情報を蓄える記憶素子の数（bit

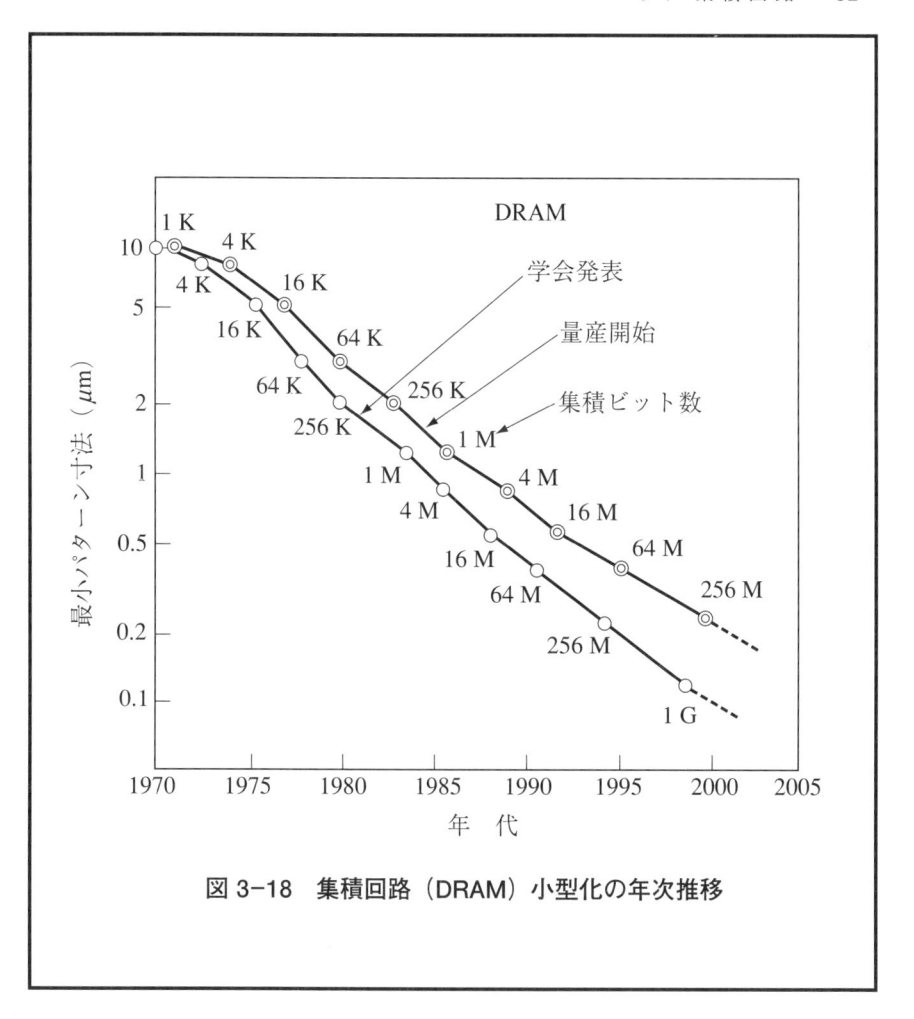

図 3-18 集積回路（DRAM）小型化の年次推移

数）で表される．素子は最も少ない情報で場所指定が行えるように，通常正方形に配置され，32×32 に配置したものを 1 K ビット（正確には 1024 ビットであるが）と呼ぶ．メモリ回路の高集積化は図 3-18 に示すように，2～3 年ごとに一辺が 2 倍（容量が 4 倍）ずつ大きくなり，現在は G（G：ギガ＝10^9）ビットオーダの DRAM が作られている．**DRAM** とは "**D**ynamic **R**andom **A**ccess **M**emory" の頭文字をとったもので，書き込み，読出しが任意に実時間で行えるメモリ回路である．なおこのメモリ回路は，一般に MIS（MOS）形トランジスタで形成されている．

このような電子回路構成法の進歩は，初期の超小形化という目標を離れて，本来の目標である集積化という方向に移り，小形化はむしろ 2 次的な特徴とさえ考えられるようになってきた．

また集積化の利点とその概念が明確化されるにつれて，マイクロ波集積回路，光集積回路，さらにはマイクロマシーニングなど，電子回路や機器の構成にも集積化の概念が広く採り入れられるようになってきた．

（a）光集積回路（OEIC）　　複雑化する情報化時代に対処して，マイクロ波では，ストリップ線路を利用して回路が小形化・集積化されているが，マイクロ波と同じ考えをそのまま光通信に応用して，光通信回路を集積化しようとする試みが行われている．

光通信の場合，従来は光伝送媒体として空気を用いていたが，この方法では空気の屈折率のゆらぎなどの影響を受けたり，低周波回路の導線のようにはっきりした伝送路がないために，光路は発信器の向きだけで決まってしまう．

そこでたとえば光路を比較的損失の少ない，幅数 μm，厚さ 1 μm 程度の誘電体薄膜などでガラス板または結晶板上に形成して，半導体レーザダイオードや，電気光学効果を利用した光変調素子，偏光素子ならびに光検出器などを集積化して，光を従来のマイクロ波などと同じような方法で取り扱おうとする傾向がある．これが光集積回路，あるいは **OEIC**（**O**pto **E**lectronic **IC**）と呼ばれるものの基本概念である．

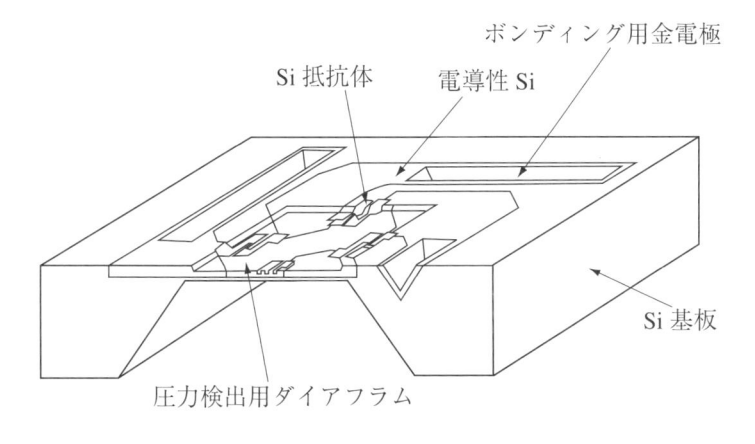

マイクロマシーニングによる圧力センサの構造図

- Si抵抗体
- 電導性Si
- ボンディング用金電極
- Si基板
- 圧力検出用ダイアフラム

多結晶Siで作った静電気で動くモータ

60 μm

(b) マイクロマシーニング　Si は電気的性質のみでなく，機械的強度も大きく，弾性限界も広い．このために圧力や機械量センサとしても優れている．そこで Si 上に片持ちハリなどの機械的部品も集積化しようとする試みが行われている．さらには，マイクロモータも Si で作り，Si 結晶中に電気回路とアクチュエータ（機械部品）を集積化するなど，この分野の研究は急速に進んでいる．

Si の機械的部品の製作法は，Si の結晶軸方向によって化学的エッチング速度が異なる異方性エッチングの性質や，不純物濃度依存性エッチングなどの性質を組み合わせて行われる．この方法で，「集積化センサ・アクチュエータシステム」が作られている．

なおこのマイクロマシーニングは，医用方面の応用で注目されている．

（2）集積化の意義

集積回路の特徴は，機器の小形軽量化はもちろん，信頼性と経済性の向上，高速度化，使いやすさなどである．集積回路では，部品の結線数を減らすことができ，総合的な工程数や，材料の種類が少なくなるために，故障原因が単純化される．

その結果，集積化しただけ電子回路や機器の信頼性が飛躍的に高められることになり，いままで実用化は不可能と考えられていた高度で複雑なシステムが実用化されるようになった．そのよい例がコンピュータであろう．表 3-2 にその様子を示す．この表からわかるようにコンピュータが家庭にまで入り込むことができるようになったのは，まさに半導体集積回路によるものである．半導体集積回路によってすべての電子機器は超小型化，超消費電力，超高信頼性，超低価格になり，現代科学・産業にきわめて大きなインパクトを与えた．いや現在も与えつつある．人工衛星もこの集積回路がなければ不可能であった．この意味で，半導体集積回路は，「産業の米」と呼ばれている．

集積化の意義

① 超高信頼性

② 超高速化

③ 超消費電力

④ 超低価格化

⑤ 超小型化

表 3-2　1947 年と近年のコンピュータの比較

	ENIAC（1947 年）	マイコン（1990 年代）
重　　量	30 t	0.5 g
長　　さ	30 m	5 mm
体 積 比	1	1/1,000,000
素 子 数	真空管 18,000 本	IC 1 個
消費電力	450 kW	1/1,000,000
価　　格	1	1/2,000,000
信 頼 性	1/1,000,000	1
スピード		10 数桁速い

ENIAC：Electronic Numerical Integrator and Calculator

(3) 超小形化の限界

電子回路の超小形化は，いくらでも小さくできるわけではなく，技術的，ならびに理論的な限界がある．それは熱，宇宙線，製作技術，不純物分布などの問題であり，次にこれらについて説明しよう．

（a）熱　小形化して部品の密度を大きくしていくと，発熱によって装置の中心部の温度が許容範囲外に出てしまう．

（b）宇宙線　超小形化されると，一部品内に含まれるキャリア数が少なくなる．そこで宇宙線によって生じたキャリアが，もともとあるキャリアに対して無視できなくなると，まちがった情報を与えるようになる．

（c）製作技術　部品形成の技術としては，フォトエッチ，レーザビーム，電子ビームなどがあるが，現在もっとも分解能がよいのは電子ビームである．50 kVA の電子ビームの最小スポットサイズは 10 Å 程度であるが，照射した物質内での分散があって，実際には 100 Å くらいが限度であり，これらの技術的問題から最小の部品の大きさが定まってくる．

（d）不純物分布　一部品に含まれる不純物の数が減少すると，不純物が均一とみなされなくなる．たとえば，一部品あたり平均 1 個の不純物である場合には，不純物のない部品とか，2 つ以上含むものとができて，統計的なゆらぎが大きくなって使えなくなる．したがって半導体の場合には，この不純物の統計的なゆらぎで決まってしまう．

一方，金属の場合には，この不純物の効果はないのでさらに小さくできる．しかし金属の場合にも直感的には，電子の平均自由行程が目安である．

それ以下に小型化すると，第 1 章で述べたように電子が波動性を現し，量子効果デバイスへと入っていく，現在はすでに量子効果デバイスへと入りつつある（第 7 章参照）．

物理的な極限として，電子 1 個で動作するデバイスは可能であろうか？これを**単一電子デバイス**（single electron device）という．

小型化の限界

- 半導体
 ——不純物の統計的ゆらぎ
 Si：0.1 μm 角
 （電子数 100 個程度）
 0.01 μm 角
 （電子数 0.1 個？）
- 金　属
 ——電子の統計的ゆらぎ
 金属：0.1 μm 角
 （電子数 10^8 個）
 0.01 μm 角
 （電子数 10^5 個）

究極の電子デバイス

単一電子デバイス？

科学には限界があるのであろうか？

3-8 半導体の熱電的性質

　熱エネルギーを電気エネルギーへ，または電気エネルギーを熱エネルギーに変換する熱電効果の研究は 19 世紀にさかのぼるが，金属の熱電効果はきわめて小さく，最近までは積極的な利用法は見られず，測温用として熱電対が利用される程度にすぎなかった．

　しかし，半導体の出現によっていままでの金属よりも数百倍も大きな熱電効果が得られるようになり，その結果半導体の熱電現象を利用して熱発電や熱電冷却（電子冷凍）が行われるようになった．

　本章では**熱電効果**（thermoelectric effect）の発生する機構を論じ，なぜ半導体が金属に比べて大きな熱電効果を示すかを説明する．

（１）熱電現象の歴史的展望

　熱電効果の研究はかなり古く，すでに 1821 年にドイツの物理学者ゼーベック（Seebeck）は熱電効果の第一の現象を発見した．彼は図 3-19 に示すように異なった 2 つの導体で構成された閉回路で，それら導体の接点に温度差 ΔT があると，その近くに置かれた磁針が振れることを認めた．

　この開回路に現れる電位差 ΔV（これを**ゼーベック電圧**と呼ぶ）は，接点の温度差 ΔT に比例する．この効果は**ゼーベック効果**と呼ばれている．

　それから 13 年後の 1834 年にフランスの時計屋であったペルチエ（Peltier）は，ゼーベック効果とは逆に図 3-20 に示したように，2 つの異なった導体 a, b 間の接触面に電流 I を流せば，その電流方向によって接触面で熱量 Q の吸収，または発生があることを発見した．これは**ペルチエ効果**と呼ばれている．

　ゼーベック効果やペルチエ効果の発見された当時の物理学界や電気学界は，電磁気現象におけるマクスウェル（Maxwell）の理論が展開されていたときで，物理学者たちはこのマクスウェルの理論に傾注していて，熱電現象はほとんど彼らの注意をひかず，その機構は長い間不明であった．

熱 電 効 果

熱電現象 { ゼーベック効果 / ペルチエ効果

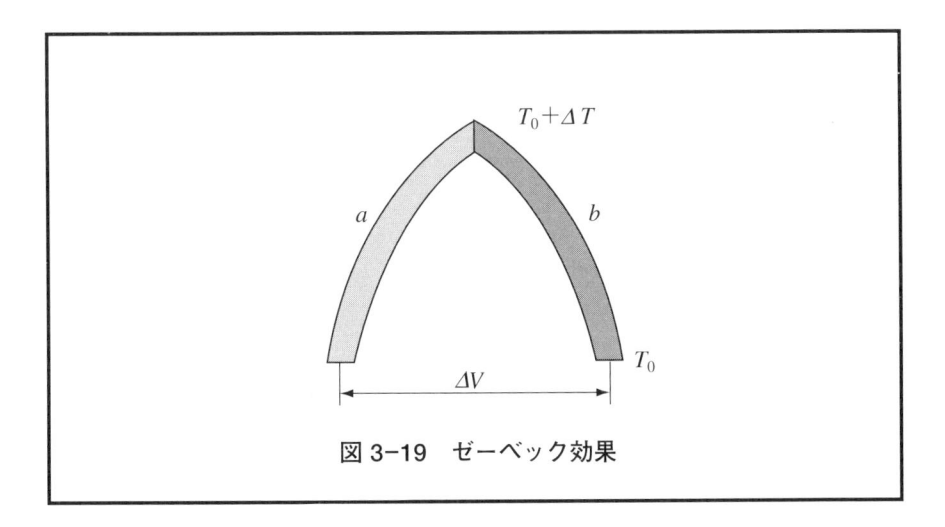

図 3-19 ゼーベック効果

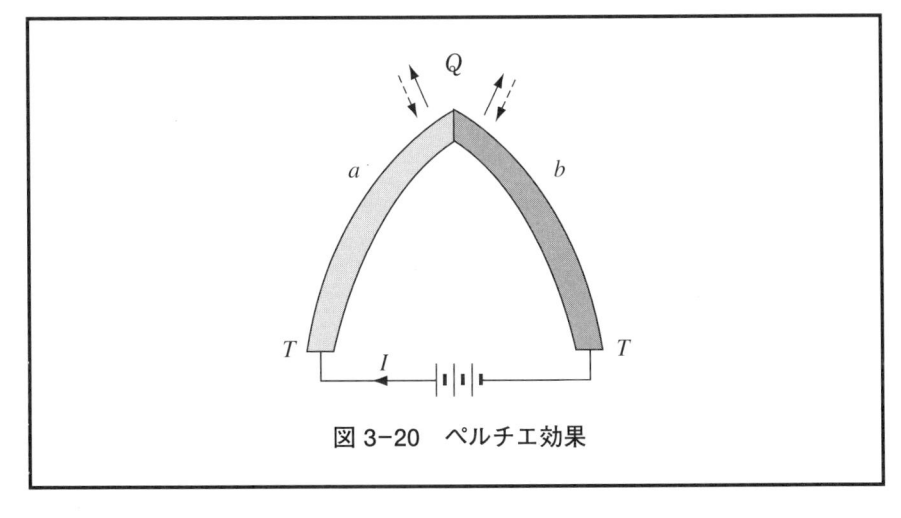

図 3-20 ペルチエ効果

ゼーベックの発見後 30 年を経てはじめて熱力学の影響を受けて，ふたたびゼーベックおよびペルチエ効果が注目を集め，熱力学の創始者の一人であるイギリスの物理学者トムソン（W. Thomson，後の Lord Kelvin）によってみごとに説明された．

（2）ゼーベック効果

図 3-21 はゼーベック効果の説明図で，細長い p 型半導体片の両端には金属がオーミック接触されている．この一方の接触端子を図示のように温度 T_0 に保ち，他端の接触面を温度 $(T_0+\Delta T)$ にする．

正孔濃度は，図 3-21 で温度の低い左端の方よりも温度の高い右端の方が大きい．したがって正孔は右から左へ拡散し，左端の冷接点（T_0）側に正孔が蓄積して両端に電圧が発生する．これを利用したものが熱発電器である．

金属の場合には電子の濃度は温度によって変化しないので，電子の拡散は生じない．したがって，ゼーベック電圧は，発生しない．

しかし，金属でもわずかのゼーベック電圧が発生する場合がある．これは温接点の方が熱エネルギーが大きいので，試料の断面を通過するキャリアは冷接点側から温接点側に移動するものよりも，この逆方向に移動する

☕ Coffee break

ケルビン（Lord Kelvin, 1824～1907） 11 歳でグラスゴー大学の学生になり，15 歳で熱伝導の論文を発表した．しかし少年が講演を行うのは威厳がないということで，年配の教授によって発表された．ケーブルの技術指導の功績が認められて，時の女王から，グラスゴー大学のかたわらの川の名前をとって Kelvin 卿と称された．この Kelvin が絶対温度のケルビンである［ケルビンの最大の失敗：人間は空を飛ぶことはできない］．

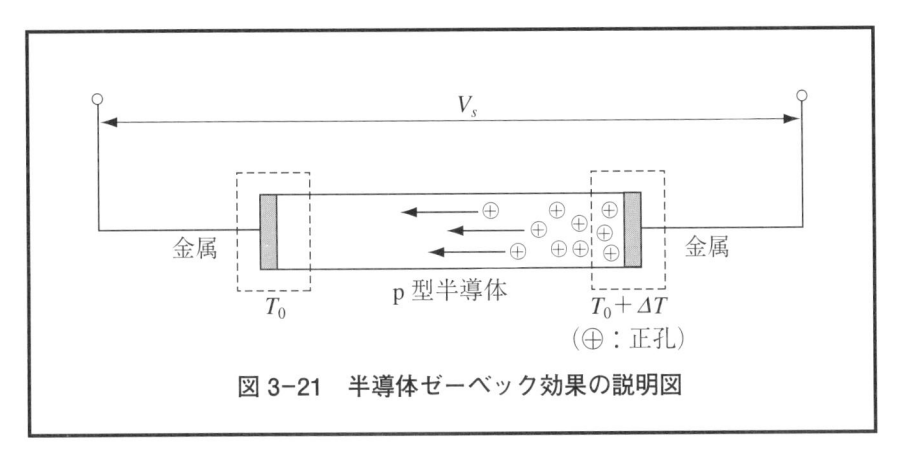

3-8 半導体の熱電的性質 **71**

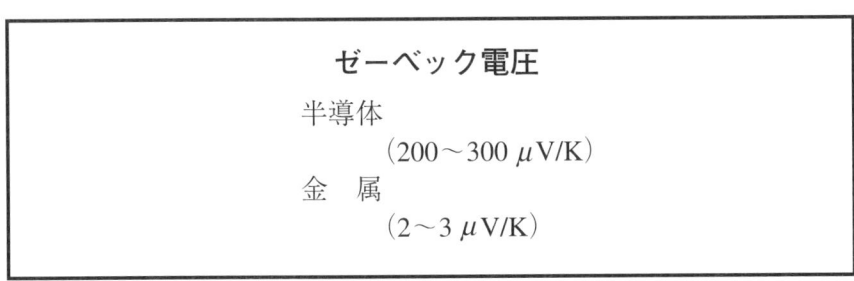

V_s

金属 — p型半導体 — 金属
T_0 — $T_0 + \Delta T$
（⊕：正孔）

図 3-21 半導体ゼーベック効果の説明図

ゼーベック電圧

半導体
　　　（200〜300 μV/K）

金　属
　　　（2〜3 μV/K）

熱発電器の原理図

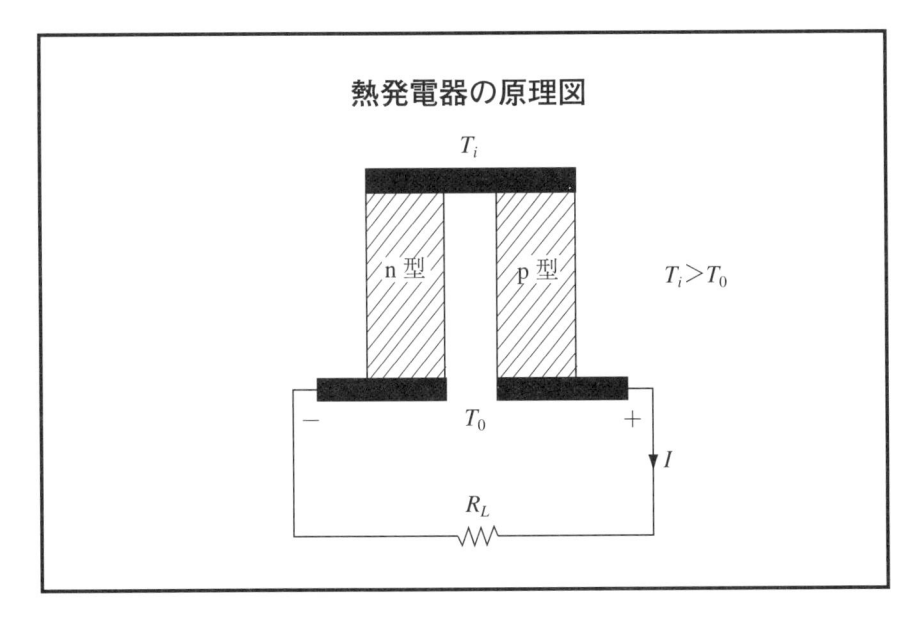

T_i

n型　p型　　$T_i > T_0$

T_0

$-$　　　$+$

I

R_L

ものの方が大きく，両者の平衡がくずれたり，あるいは高温側の方が格子振動が大きく，キャリアが移動しにくくなるなどのためである（これが金属のゼーベック係数の小さな根本原因である）．

(3) ペルチエ効果

前節で述べたように，ペルチエ効果とは異種の導体の接触面を通して電流を流したとき，その接触面でジュール熱以外に熱量 Q の発生または吸収が起こる現象である．

この熱電効果は可逆的で，電流の方向を逆転すると熱の発生は吸収に，吸収は発生に変わる．この効果は一般に金属と金属の接触よりも，金属と半導体または半導体どうしの接触の方が大きい．

ここでは図 3-22 に示すように金属と p 型半導体との接触によるペルチエ効果について説明しよう．

金属側に正の電圧を加えると，金属から半導体中に正孔が流れるためには正孔は少なくとも eV_F [eV] のエネルギーを吸収しなければならない．これがペルチエ効果として観測される熱の吸収の根源をなすものである．これを利用したものが電子冷凍器である．

逆に金属側に負の電圧を加えると，正孔が半導体から金属に流れる．この場合エネルギー eV_F を熱として放出し，発熱現象が現れる．

3-9 磁電効果

半導体を磁束の中に入れたときの効果として，ホール効果と磁気抵抗効果がある．

(1) ホール効果

磁束に直交しておかれた導体中にキャリアの流れがあるとき，磁束とキャリアの流れとの両方に直角な方向に起電力が発生する効果を**ホール効果**（Hall effect）といい，1879 年当時アメリカのジョンス・ホプキンス

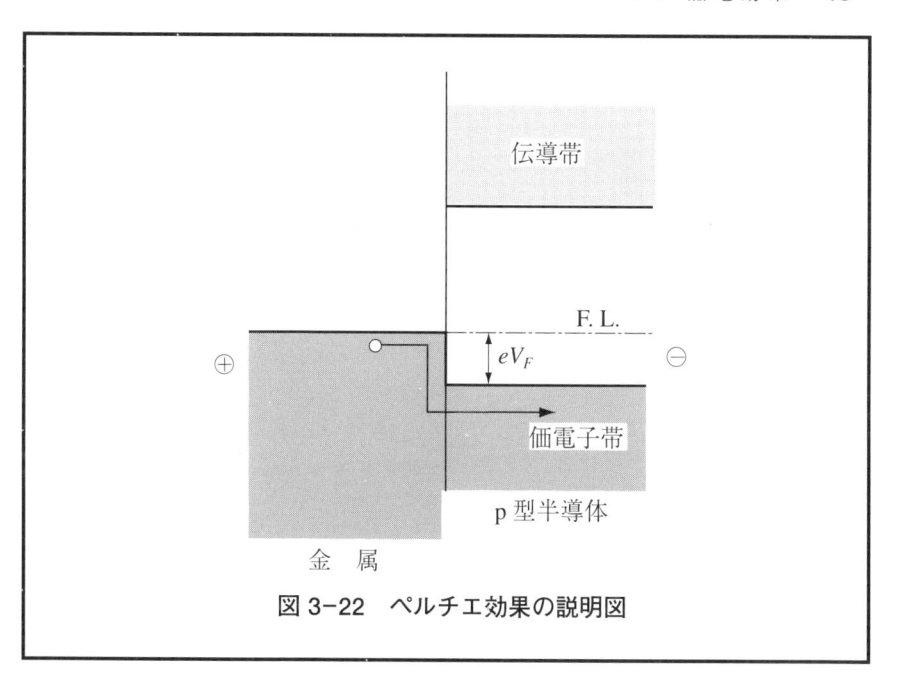

図 3-22　ペルチエ効果の説明図

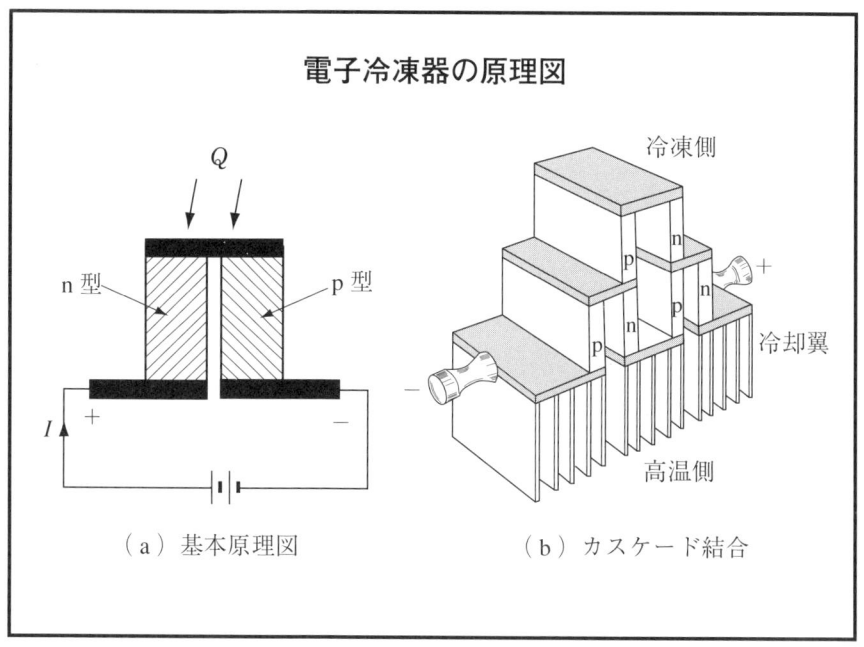

電子冷凍器の原理図

（a）基本原理図

（b）カスケード結合

(Johns Hopkins）大学の大学院学生であったホール（Hall）によって発見された．

この効果は物性研究の手段として重要な発見であり，当時ノーベル賞があったら，彼はノーベル物理学賞を受賞したであろうといわれている．なおこの効果は，半導体の出現によって電子素子として注目されるようになった．

図3-23のように，厚さ d の p 型半導体の y 軸方向に電流 I，z 軸方向に磁束密度 B を作用させると，ローレンツ力（Lorentz force）によって正孔は x 軸の正の方向に曲げられ，図の A 面側に正孔が蓄積し，A-B 間に電圧 V_H が発生する．この V_H を**ホール電圧**という．

ホール電圧 V_H は式（3-2）で与えられるように，電流 I，磁束密度 B の積に比例し，

$$V_H = R_H \frac{IB}{d} \tag{3-2}$$

となる．ここで

$$R_H \equiv \frac{1}{ep} \tag{3-3}$$

を**ホール係数**という．p は正孔濃度である．

（2）ホール効果の意義

ホール効果は物性研究の手段として重要であるが，それは次のような値を求めることができるためである．

① **キャリアの種類の判定**　キャリアが電子であるか，正孔であるかによってホール電圧の極性が逆になる．すなわちホール電圧の極性によって伝導型が判定できる．

② **キャリア濃度の算出**　式（3-2），（3-3）から明らかなように既知の I，B，d に対して，ホール電圧 V_H を測定することによって正孔濃度 p，または電子濃度 n を求めることができる．

3-9 磁電効果

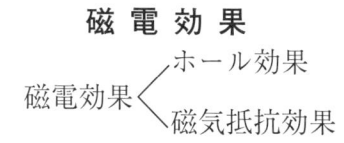

磁電効果 ⎰ ホール効果
　　　　⎱ 磁気抵抗効果

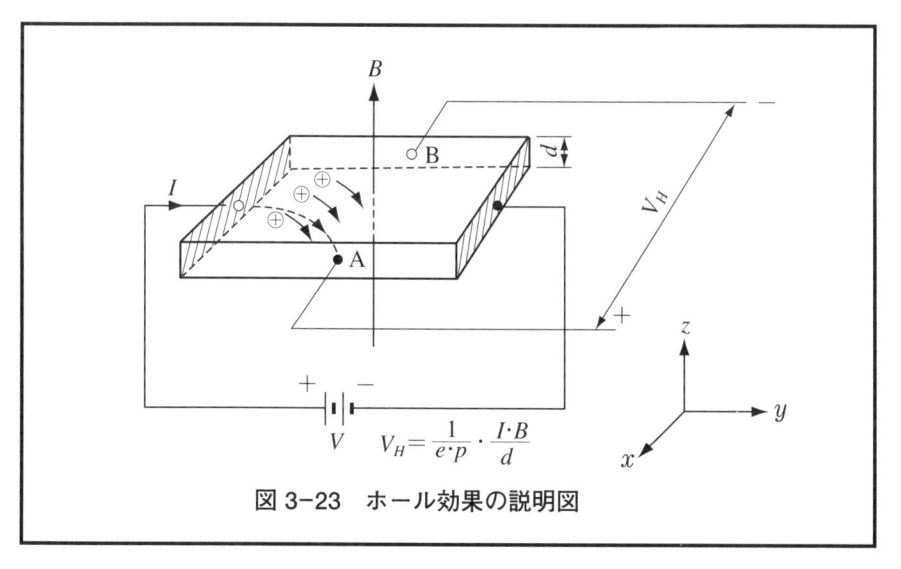

$$V_H = \frac{1}{e \cdot p} \cdot \frac{I \cdot B}{d}$$

図 3-23　ホール効果の説明図

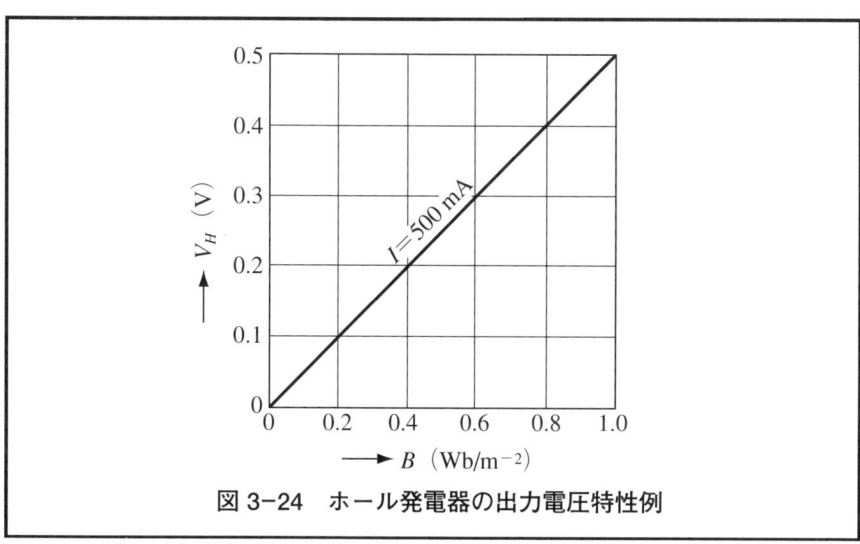

図 3-24　ホール発電器の出力電圧特性例

③ キャリア移動度の算出　導電率 $\sigma = e p \mu_h$ は簡単に測定できる．またホール係数も式 (3-3) から V_H を測定することによって求められる．そうすると

$$R_H \cdot \sigma = \mu_h \tag{3-5}$$

の関係から，キャリア移動度 μ_h が求められる．

このように，ホール電圧を測定することによって，キャリアの種類，濃度，移動度を求めることができ，半導体の分野では非常にしばしば用いられる測定手段である．

(3) 磁気抵抗効果

図 3-23 で示したように，電流方向と直角に磁束密度を作用させると，ローレンツ力でキャリアは曲げられる．そのためにキャリアが外部電界方向（図 3-23 の y 方向）に同じ距離だけ進むのに，曲線軌道を通るため，直線の場合と比較して進みにくくなり，抵抗値が増大する．この現象を**磁気抵抗効果**（magnetoresistive effect）という．

3-10　ひずみ抵抗素子

機械的ひずみを測定するのに，金属細線が用いられている．これは金属線を引っぱると，金属線の長さが長くなり，断面積が小さくなる．その結果金属線の電気抵抗が大きくなる．

ところが半導体では，半導体に張力あるいは圧力が加わると，格子定数が変化し，その結果として禁制帯幅が変わる．半導体の抵抗率は，禁制帯幅に対して指数関数的に変わるので，張力，あるいは圧力によって半導体の電気抵抗は大幅に変わる．

伸び率に対する抵抗変化率をゲージ率と呼ぶが，金属細線ではその値が 2～3 程度であるが，半導体では 100～1,000 にも達する．

この効果を使って，半導体は圧力センサなどに用いられている．

ホール効果の意義

① キャリアの種類の判別

② キャリア濃度の算出

③ キャリア移動度の算出

ひずみ抵抗素子

$$R = \rho \cdot \frac{l}{S}$$

・金　属：張力で，$l+\Delta l$，$S-\Delta S$

　　したがって，$R \to R+\Delta R$

・半導体：E_g が変化

$$\rho \sim \exp\left(\frac{E_g}{2kT}\right)$$

　ゲージ率 $G = \Delta R/R \big/ \Delta l/l$

　　金　属 $G = 3 \sim 5$

　　半導体 $G = 10^2 \sim 10^3$

第4章
半導体物理学とオプトエレクトロニクス

　光と半導体との相互作用を利用した電子素子は，**オプトエレクトロニクス**（opto-electronics）という言葉で代表されるように，非常にユニークな，かつ重要なものである．

　半導体と光との相互作用には，下記のものがある．
(1)　光を電気に変換
　① 光導電効果
　② 光起電力効果
(2)　電気を光に変換
　① 発光ダイオード（LED）
　② レーザダイオード

4-1　半導体はなぜ光デバイスとして重要か？

　半導体に光を照射したとき，光のエネルギー $h\nu$ が禁制帯幅 E_g よりも大きいと，図4-1に示すように価電子帯中の電子が伝導帯中に励起されて，電子-正孔対が発生する．

　この励起された電子-正孔対を利用して光を電気に変えている．

$$h\nu > E_g \quad (h：プランク定数)$$

$\nu = \dfrac{c}{\lambda}$ (c：光速）であるので

$$\lambda < \dfrac{hc}{E_g}$$

h, c の値を入れて計算すると

$$\lambda \, [\text{Å}] < \dfrac{12345^*}{E_g \, [\text{eV}]}$$

この式で与えられる波長を，物質 E_g に対する基礎吸収端波長と呼ぶ．たとえば，代表的半導体の Si で光励起を生じさせるのに必要な波長は，

$$E_g = 1.2 \text{ eV （Si）}$$

を入れて

$$\lambda < 11{,}000 \text{ Å} = 1.1 \, \mu\text{m}$$

となる．

図 4-2 からわかるように可視光に感じる E_g は1.5〜3 eV であり，これは半導体に対応する．

このことが，半導体が光デバイス用材料として適している理由である．

4-2　内部光電効果（光導電効果）

禁制帯幅よりも大きなエネルギーをもった光を半導体に照射すると，価電子帯中の電子の一部は伝導帯中に励起されて，電子‒正孔対が発生し，半導体の導電率は増加する．この効果を**光導電効果**（photo-conductive effect）といい，図 4-3（a）に示す．

光導電効果では，このままの状態では励起された電子あるいは正孔による電流を外部に取り出すことはできない．外部に取り出すためには図 4-1 のエネルギー帯を図 4-3（a）に示すように傾ければよい．そうすると励起された電子は右から左に，正孔は左から右に流れて，全体として光電流 ΔI が流れる．

---

*実際には 12398 となるが，12345 と覚えればよい．

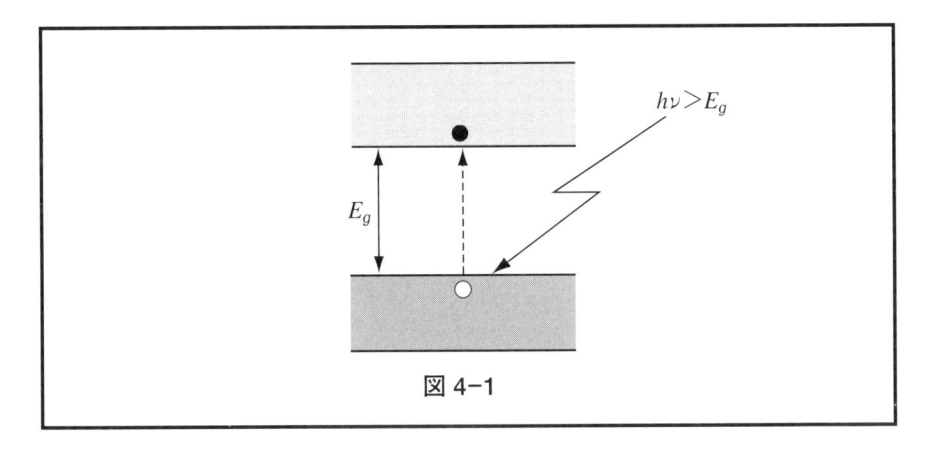

4-2 内部光電効果（光導電現象） **81**

図4-1

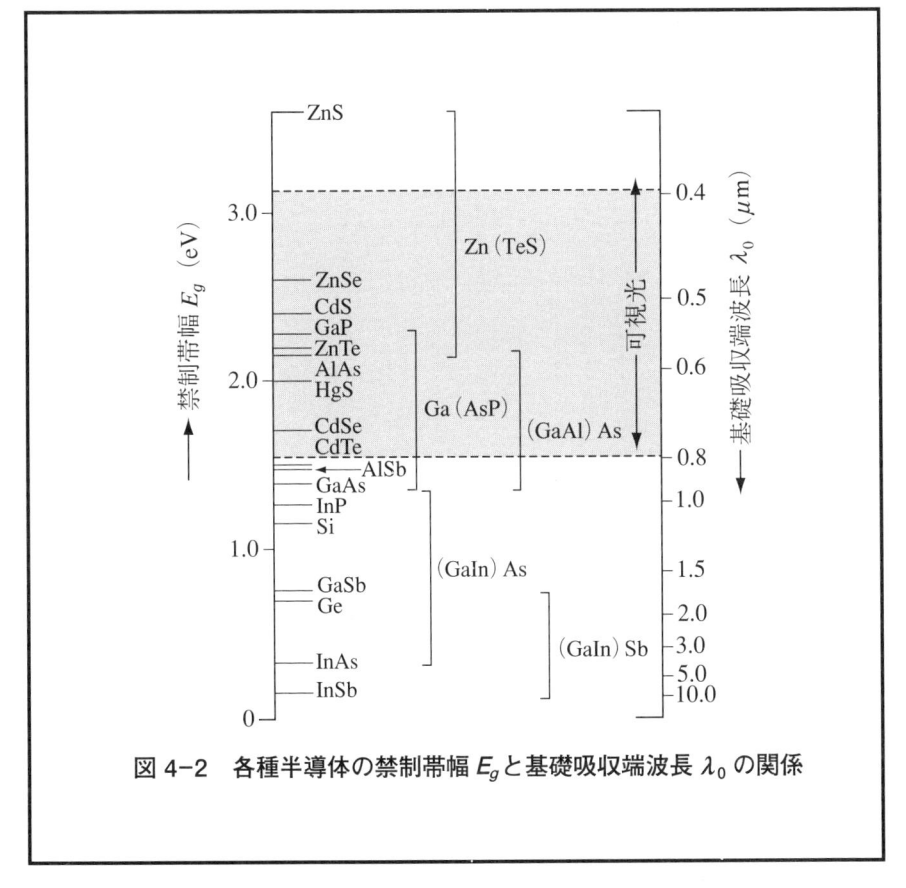

図4-2 各種半導体の禁制帯幅 E_g と基礎吸収端波長 λ_0 の関係

それでは図4-3（a）のようにエネルギー帯を傾けるにはどうしたらよいかというと，同図（b）に示すように外部電界を加えてやればよい．すなわち外部電界を印加すると光電流を取り出すことができる．

4-3　光起電力効果（障壁形）

（1）光起電力効果の機構

前節の光導電効果では，半導体に照射された光エネルギーでキャリアが発生するが，外部から電圧をかけて図4-3（a）に示したようにバンドを傾斜させてやらないと光電流が取り出せなかった．

もしも外部電界を加えないですでにエネルギー帯が傾斜しているものがあると，そのままで光電流を取り出すことができる．これが**光起電力効果**（photovoltaic effect）である．

では，エネルギー帯が傾斜しているものにはどのようなものがあろうか？　それはすぐに理解できるようにp-n接合がある．p-n接合のエネルギー帯構造は図4-4（a）に示すように空乏層のところでは，エネルギー帯は傾斜している．この空乏層の近くに禁制帯幅E_g以上のエネルギーをもった光を照射すると，電子-正孔対が発生するが，電子は空乏層部の傾斜に沿ってn領域へ，正孔はp領域へと移動していく．

もしも外部回路を短絡しておくと，図4-4（a）に示すように光の量に比例する光電流I_Lが外部回路に流れる．この電流を**短絡光電流**という．すなわち外部電界を加えなくても光電流を外部に取り出すことができる．

図4-4（b）に示すようにp-n接合が開放状態では，光励起された電子はn領域に，正孔はp領域に蓄積し，n領域が負，p領域か正の電圧V_{oc}が発生する．

（2）太陽電池

図4-5（a）のようにp-n接合の両端に負荷抵抗R_Lを接続しておいて，p-n接合部に光を照射すると，負荷に電流Iが流れて$I^2 R_L$の電力を取り出

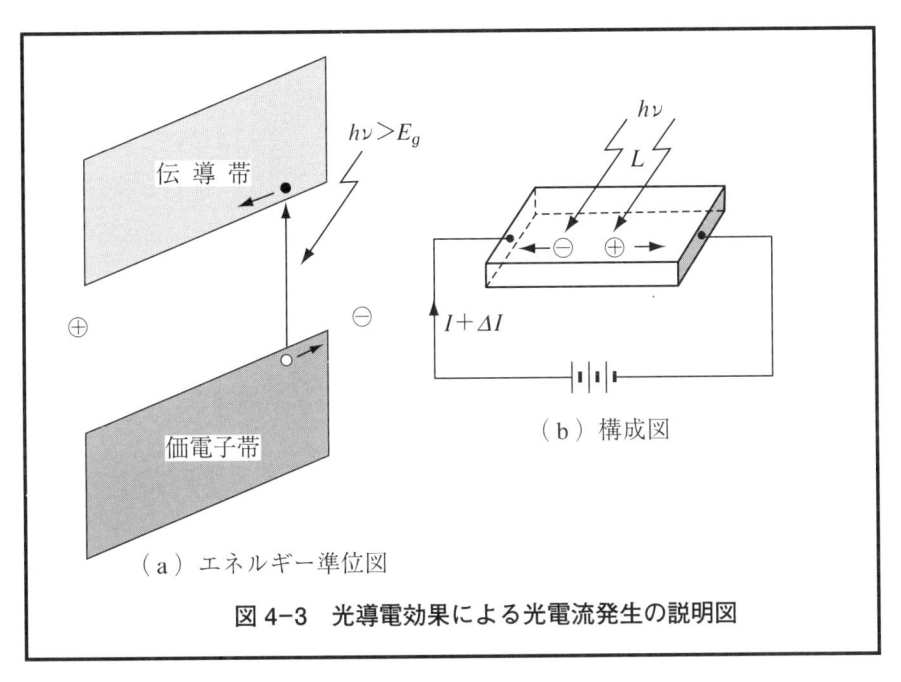

4-3 光起電力効果（障壁形） **83**

(a) エネルギー準位図

(b) 構成図

図 4-3 光導電効果による光電流発生の説明図

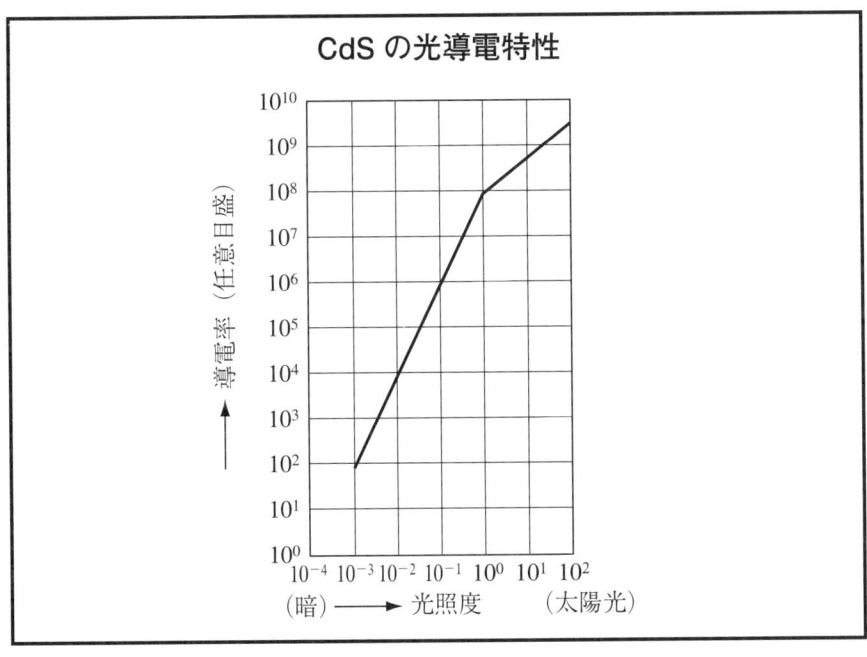

CdS の光導電特性

（暗）——→ 光照度　（太陽光）

すことができ，光エネルギーを電気エネルギーに直接変換することができる．このような素子がいわゆる**太陽電池**（solar cell）である．

最近では Si の単結晶のかわりに，アモルファス（非晶質）Si 薄膜太陽電池が，電卓などに用いられている．

太陽電池の太陽光エネルギーを電気エネルギーに変換する効率は 10～20%である．太陽の降りそそぐエネルギーは，東京付近で平均 1 kW/m^2 といわれている．変換効率 10%とすると 1 m^2 の太陽電池で 100 W の出力が得られる．

（3）光検出器

光起電力効果素子は，太陽電池のようなエネルギー変換器として用いられる以外に，光信号を電気信号に変換するのにも用いられ，オプトエレクトロニクス界では**光検出器**あるいは光センサとして重要である．またそのほかに測光・継電器などにも用いられる．

4-4　発光ダイオード（Light Emitting Diode：LED）

第 3 章で説明した p-n 接合に順バイアスを加えて少数キャリアを注入する場合，たとえば p 領域に注入された少数キャリアである電子は，熱平衡状態からずれた高エネルギー状態にある．

したがって電子が p 領域中の多数キャリアである正孔と再結合する過程でエネルギーを光として放出することが考えられる．

図 4-6 に示すように p-n 接合を順バイアスすると，p 領域に電子が，n 領域に正孔がそれぞれ接合部を通して注入される．注入された少数キャリアは，多数キャリアと再結合して光を放出する．これが発光ダイオードの原理である．

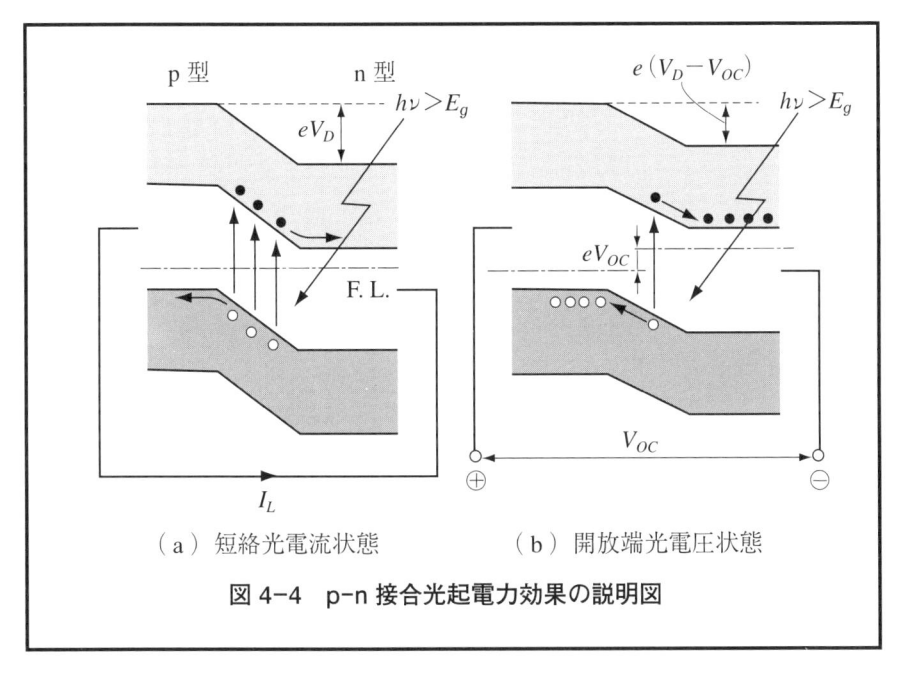

(a) 短絡光電流状態　　　　(b) 開放端光電圧状態

図 4-4　p-n 接合光起電力効果の説明図

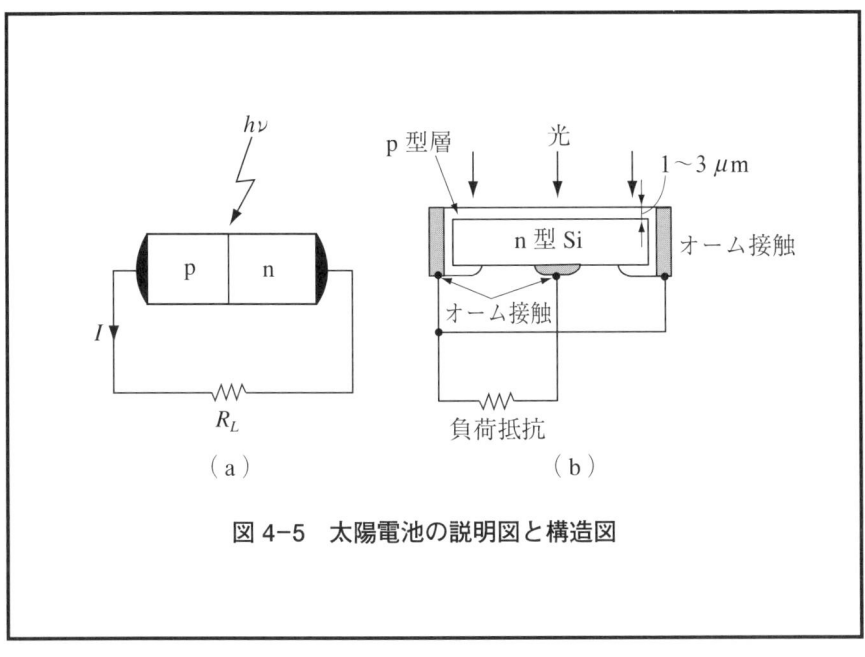

(a)　　　　　　　　　　(b)

図 4-5　太陽電池の説明図と構造図

4-5 半導体レーザダイオード

　半導体レーザダイオードは，前節の発光ダイオードと同じく，p-n 接合に順バイアスを加えて発光させる．したがってキャリアを注入することによって発光するので注入形レーザ（injection laser）とも呼ばれている．レーザはこのほかにガスレーザ，固体レーザなどがある．

　レーザ（laser）は "**L**ight **A**mplification by **S**timulated **E**mission of **R**adiation" の頭文字をとってつけたものである．

　まず半導体レーザダイオード（Laser Diode，略して LD と呼ぶことがある）と発光ダイオードとの本質的な違いについて述べよう．

　レーザダイオードと発光ダイオードの本質的な違いは，

① レーザ光は単色光である

② レーザ光は位相がそろっている

の2点である．

　図 4-7 に示すように，その発光のスペクトルに発光ダイオードとレーザダイオードの大きな違いがある．発光ダイオードは，発光波長が p-n 接合材料の禁制帯幅近辺のエネルギーで，なり広がった光を発する．それに対してレーザダイオードの発光スペクトルは，禁制帯幅のエネルギーに対応した波長の非常に鋭い発光である．

　その理由は，p-n 接合の材料が，直接遷移形であるか，間接遷移形であるかで決まる．

　再結合過程を運動量空間＊について考えてみよう．図 4-8（a）は，価電子帯の頂上と伝導帯の底とが同じ運動量であるから，伝導帯中の電子が価電子帯中の正孔と再結合する場合，運動量の変化がなく，運動量保存の法則が満足される．ところが同図（b）の場合には，価電子帯の頂上の運動量と伝導帯の底の運動量は異なるので，伝導帯中の電子が価電子帯中の正

＊拙著『半導体工学（第2版）』86 ページ参照．

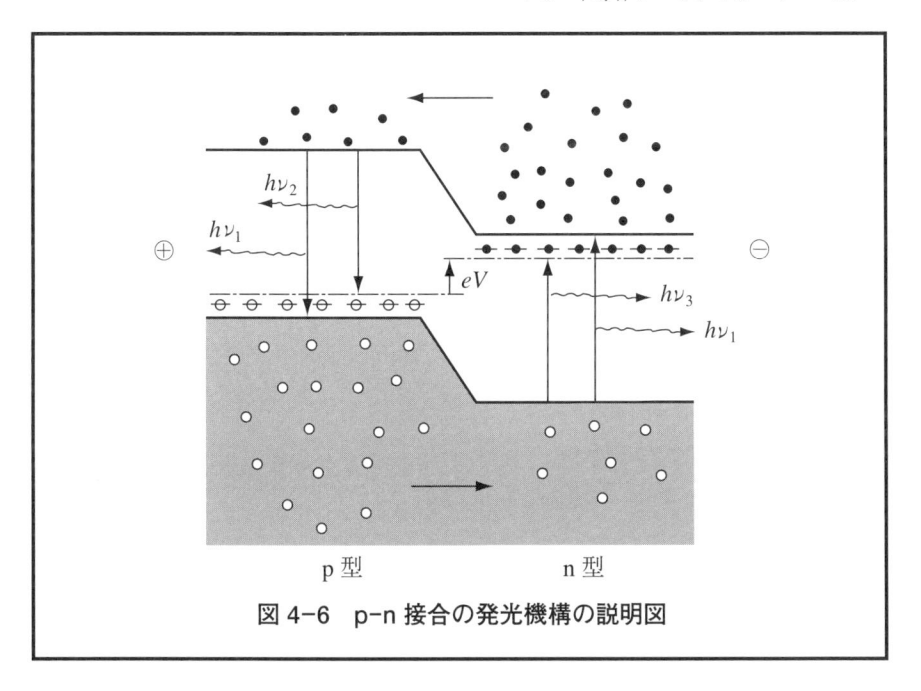

図 4-6　p-n 接合の発光機構の説明図

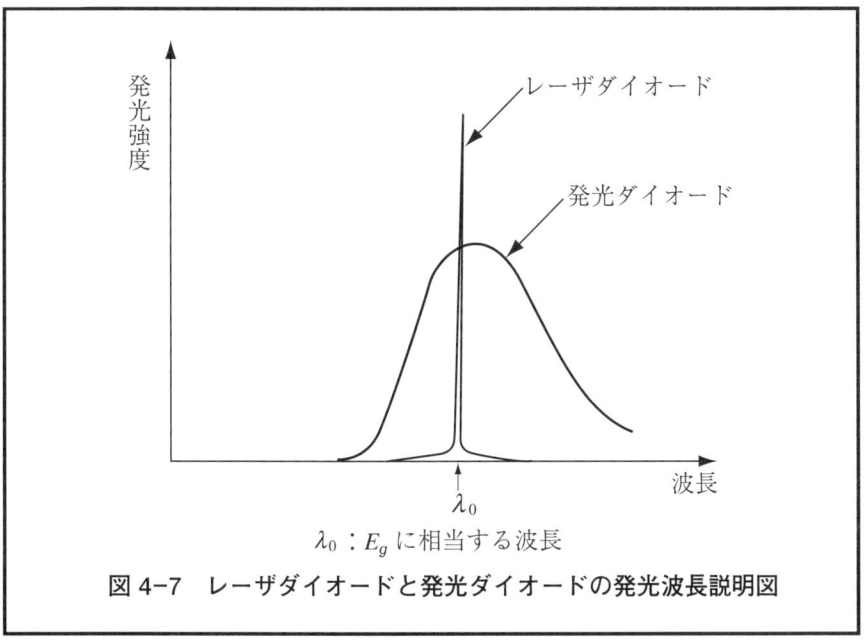

図 4-7　レーザダイオードと発光ダイオードの発光波長説明図

λ_0：E_g に相当する波長

孔と直接再結合すると，運動量が変化し，運動量保存の法則に反する．
したがって（b）の場合には，電子と正孔は直接再結合することはできず，この運動量の過不足分を格子振動によるフォノン（phonon）などとのやりとりによって再結合する．

図 4-8（a）のようなエネルギー帯構造をもった半導体を**直接遷移半導体**，（b）の場合を**間接遷移半導体**と呼ぶ．GaAs は直接遷移半導体であるが，Ge，Si は間接遷移半導体である．

発光ダイオードは間接遷移形であるので，伝導帯中に注入された電子は，価電子帯中の正孔とは直接に再結合することができず，図 4-9 に示すように，運動量が保存されるように，禁制帯中の不純物準位（この場合発光中心とも呼ばれる）や，フォノンなどを介して正孔と再結合する．そのためにいろいろな波長の光が混在している．それに対してレーザダイオードは，直接遷移形半導体 p-n 接合であるので，電子と正孔は直接再結合することができ，禁制帯幅に対応する単色光になる．

このようにレーザ光は，波長（振動数）ならびに位相のそろった可干渉性の，いわゆるコヒーレント光（coherent light）＊である．

光エレクトロニクスあるいはオプトエレクトロニクスという言葉は，半

4-6　光エレクトロニクス

導体レーザが出現して，20 年ほど経ってから使われはじめた．というのは，半導体レーザの各種応用分野が開けてからである．この事実からも理解できるように，それはレーザ光の性質の素晴らしさゆえである．本節ではこの光エレクトロニクスについて述べる．

＊コヒーレント光とは，干渉性をもつ光という意味である．しかしもっと狭く，位相のそろった波形が，かなり長く保たれている光をさすことが多く，ここでもこの意味の光をさす．レーザ光は一般にコヒーレント光であり，通常の光はコヒーレント光でない．コヒーレントの本来の意味は，「議論などが筋の通っている．理路整然とした」という意味である．

(a) 直接遷移半導体

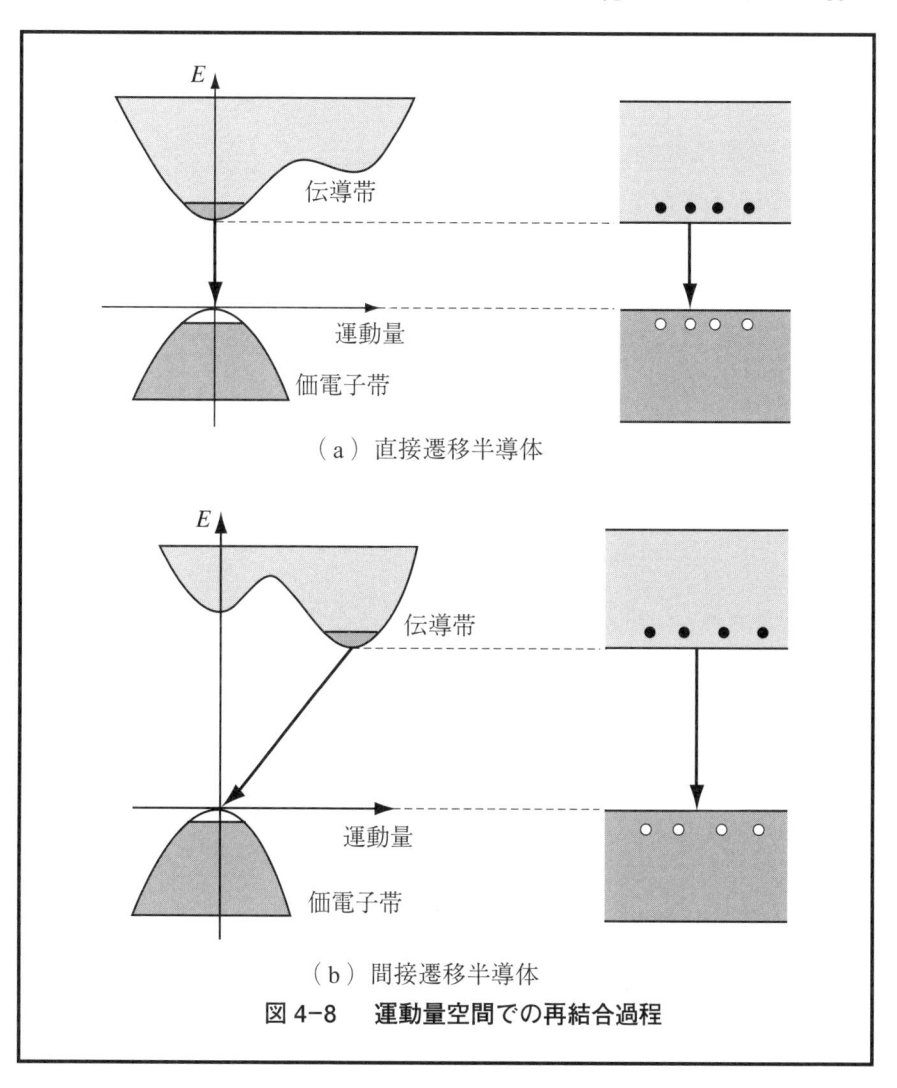

(b) 間接遷移半導体

図 4-8　運動量空間での再結合過程

レーザダイオード
　　直接遷移半導体
発光ダイオード
　　間接遷移半導体

(1) レーザ光の特長

すでに述べたように，レーザ光は，発光ダイオードと異なり（もちろん普通の電球などの光とも異なり），次のような特長がある．

① 波長が一定であり，単色光である．
② 位相がそろったコヒーレント光である．

その結果として，

③ 発散が小さく集光性がきわめて高い．たとえば地球から 38 万 km も離れている月の表面に，レーザ光を照射したとき，わずか数 m しか広がらない．
④ エネルギー密度が高い．

(2) レーザ光の応用

（a） **光通信**　まず光通信をあげることができるが，光通信については，第 6 章で説明する．

（b） **情報のキャッチ**　レーザ光は，集光性に富んでおり，波長も短いので波長程度の大きさの情報をキャッチすることができる．すなわち 1 μm 程度の情報をキャッチすることができる．身近なところでは，スーパーマーケットで売られている商品には，バーコードのラベルがついているが，レーザ光はそれを読み取り，値段をレジに自動的に打ち込んでいく．これをさらに発展させると，文字，図形を読み取ることができる．活字印刷ならば 95％ 正確に読み取ることができる．

微小部分の情報としては，大気中の微粒子や分子までキャッチでき，これを用いた大気汚染濃度検出器も実用化されている．これは**レーザレーダ**と呼ばれている．さらには，分子や原子の内部で起こる情報までキャッチすることができる．

レーザ光はコヒーレント光であり，位相がそろっているので，この位相の情報，すなわち干渉現象やドップラー効果を利用して，動く物体の情報などもキャッチすることができる．これらのものは一般に光波センサ，ま

図 4-9　発光ダイオードのスペクトルが広くなる説明図

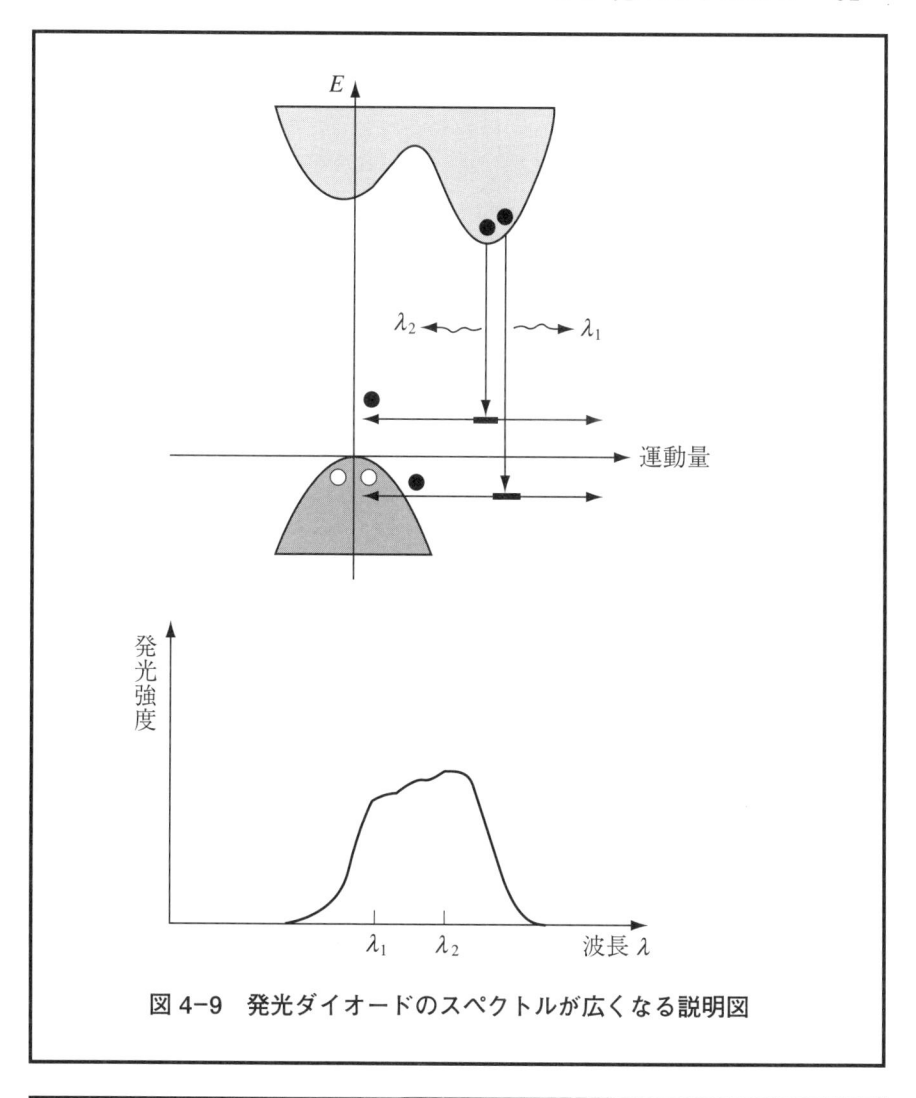

レーザダイオード
　　特定の原子による秩序光放出

発光ダイオード
　　無数の原子による無秩序光放出

たは光ファイバと一緒に用いられる場合が多く**ファイバセンサ**と呼ばれている．

（c）**情報の記録・蓄積**　写真は光によって情報を記録している．しかしこれは位相のそろった光ではない．位相のそろったレーザ光を用いると，もう一つ情報量が多くなり，3次元像，すなわち立体像を記録することができる．これが**レーザ・ホログラム**である．

またレーザディスクは，名前が示すようにレーザ光を利用している．レーザ光は極度に小さな点へ集束できるので，直径わずか $1\,\mu m$ ほどの穴の形で情報を記録することができる．この記録された情報を読み取るにもレーザが用いられる．すなわち情報を，記録した穴から反射されてくるレーザ光をモニターする．

この方法によると，$1\,cm^2$ に 10^{11} 程度の情報を蓄積することができるので，普通のコンパクトディスク1枚でA4判の文書10万枚を記録することができる．NASA（アメリカ航空宇宙局）は，宇宙空間からの映像をレーザシステムで記録している．

また最近では，レーザプリンタも実用化されている．これを用いると，レーザにより原稿の読み取りから印刷まで可能である．これが「ファクシミリ伝送」である．

なおこれまでの説明からわかるように，レーザ光は短波長になると，情報の記録，読み出しも高密度になる．そこで情報のキャッチ・記録には，短波長のレーザ光の出現が待たれるが，現在はAlGaInP系で $0.6 \sim 0.7\,\mu m$ が短波長である．さらに短い青色レーザダイオードは実験室的にはGaNやZnSe系で報告されている．

レーザ光の特長

① 単 色 性
② 指 向 性
③ 可干渉性
④ 高エネルギー密度

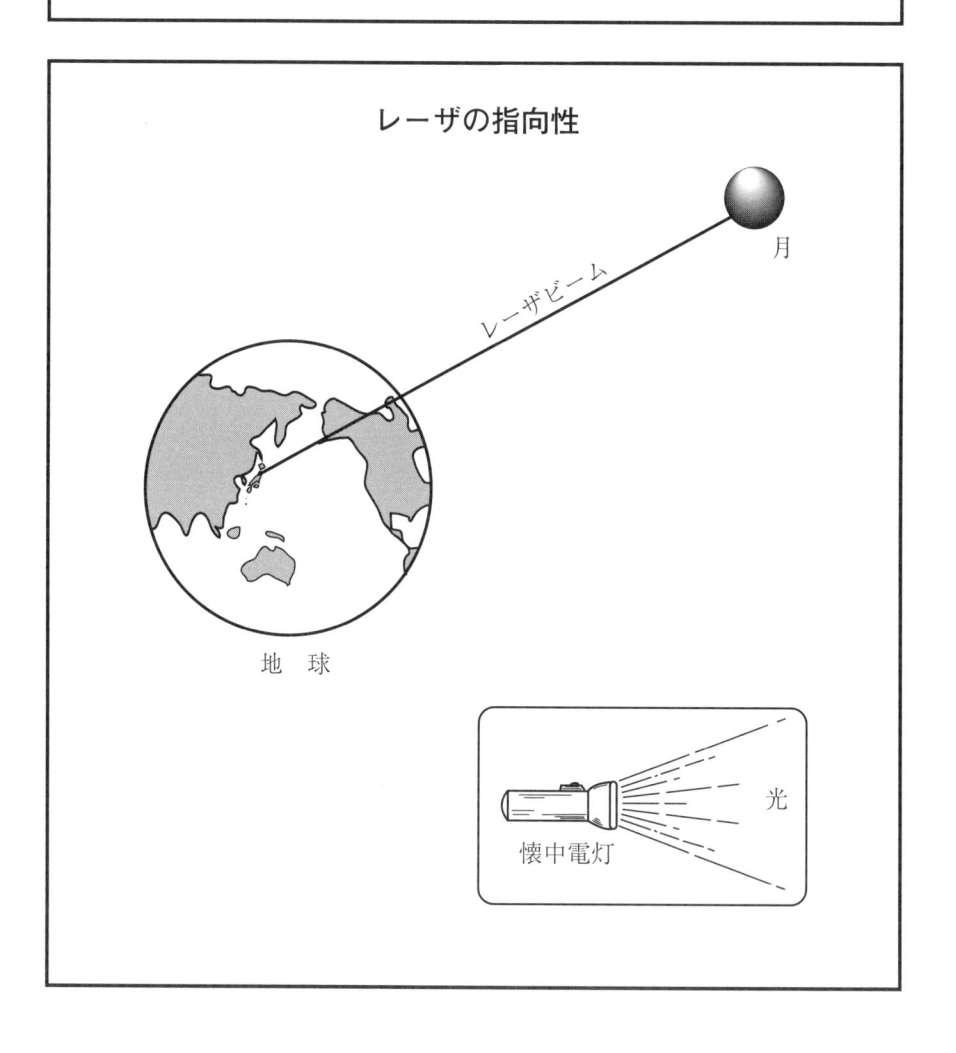

レーザの指向性

月

レーザビーム

地 球

懐中電灯　光

レーザの応用

（1）光波の利用
　①　情報の検出………レーザディスク，レーザレーダ
　　　　　　　月面（30万km）を10cmの精度で計測
　②　情報の伝送………光通信
　③　情報の記録・蓄積…光ディスク，レーザプリンタ，電子ブック
　　　　　ディスク1枚…A4判10万ページ

（2）光エネルギーの利用
　①　レーザ加工………レーザダイヤモンドをも穿つ
　②　レーザ医学………レーザメス

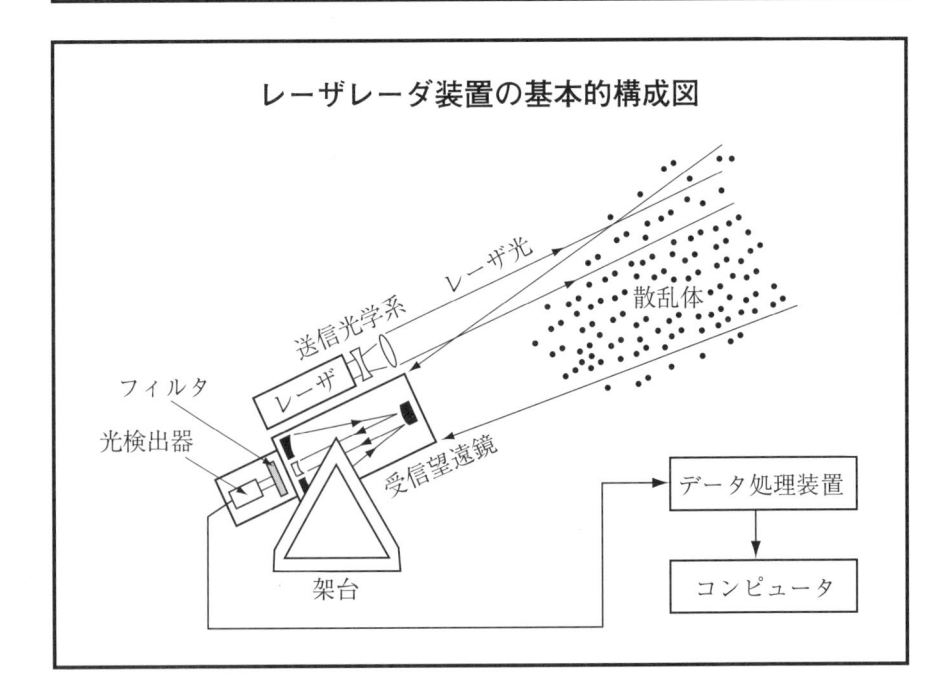

レーザレーダ装置の基本的構成図

第5章 超伝導とエレクトロニクス

5-1 超伝導とは何か？

　一般に物質は電気抵抗があるが，ある物質は極低温で電気抵抗が完全にゼロになる．この抵抗がゼロになる現象が「超伝導（superconductor）」である．

　超伝導の現象は，1911年カマリング・オネスによって発見された．図5-1は，超伝導体の極低温特性の説明図であるが，単結晶では1/1,500度の非常に狭い温度範囲で，電気抵抗がゼロになる．抵抗がゼロになる温度を転移温度と呼ぶが，結晶が完全になればなるほどこの転移温度の温度範囲が狭くなる．

　その後多くの元素や合金，化合物で超伝導現象が観測されたが，一般に常温で良導体である元素，たとえば銅や銀ではいまのところ超伝導は観測されていない．現在のところ0.007 K以下の温度での実験が困難なので，これ以下に低い温度で銅や銀も超伝導を示すかもしれない．

5-2 マイスナー効果とは？

　超伝導のもう一つの効果として，「マイスナー（Meissner）効果」がある．マイスナー効果とは，超伝導体は磁束をはねのけて，磁力線はその内部に入ることができない，あるいは物質を転移温度以上の温度で磁束を加えておき，その状態のままで温度を下げて，転移温度以下になると磁束が物質の外に押し出されてしまう効果である．

　マイスナー効果は，超伝導体では抵抗がゼロと独立な，もう一つの性質である．すなわち抵抗がゼロなのでマイスナー効果が現れるのではない．いい換えると超伝導であることを示すには，

「電気抵抗がゼロであることと，
マイスナー効果が
観測されることの 2 つの現象」

が観測されて初めて超伝導ということができる．

5-3　BCS 理論

　1911 年に超伝導現象が最初に観測されてから，多くの研究者が超伝導の機構を研究したが，1957 年までその現象を説明することができなかった．

☕ Coffee break

> **カマリング・オネス**（H. Kamerlingh Onnes, 1853〜1926）　オランダの物理学者．ヘリウムの液化に初めて成功し，その業績に対して 1913 年ノーベル物理学賞が授与された．
> 　しかしこのヘリウムの液化以上に，超伝導の発見は重要なものである．彼はヘリウムが液化する温度では，水銀とか鉛などの金属の電気抵抗がゼロになることを発見した．

図 5-1　超伝導体の極低温特性

マイスナー効果

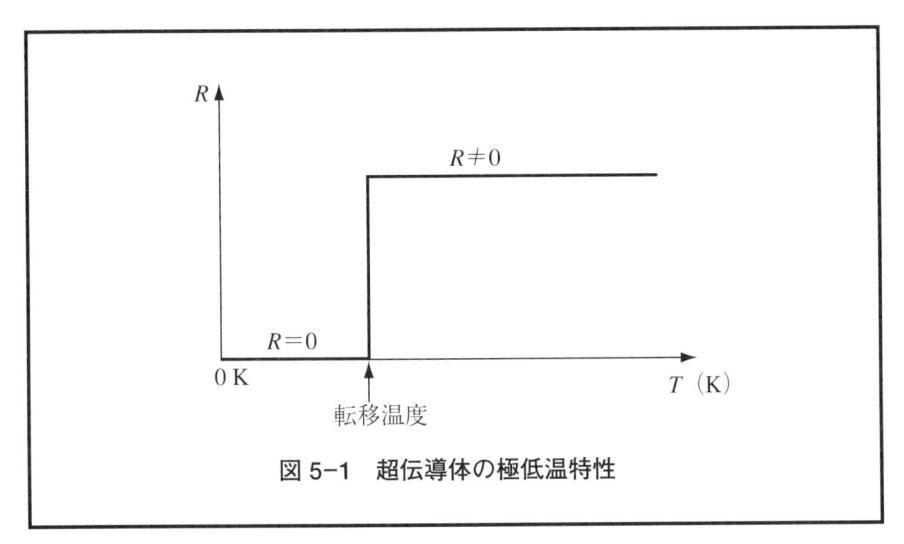

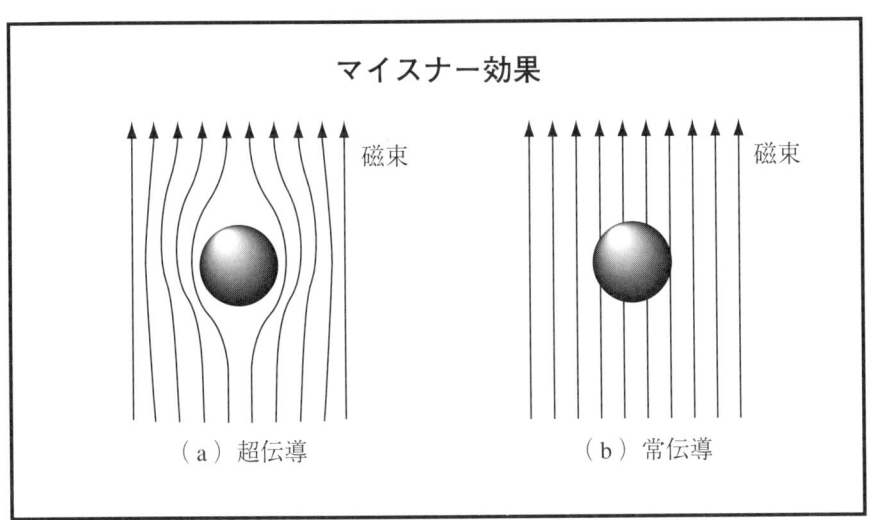

（a）超伝導　　　（b）常伝導

磁束

超伝導＝抵抗零＋マイスナー効果

1957年になってバーディーン（Bardeen），クーパー（Cooper），シュリーファー（Schrieffer）の3人によってその機構がみごとに説明された．この理論は，3人の名前の頭文字をとってBCS理論と呼ばれている．

超伝導の発見からその機構の説明まで，50年近くの長い年月がかかったが，この現象がまったく量子物理学的であり，いかなる古典物理学的説明も成立しないためである．

5-4 高温超伝導体

これまで超伝導を示す温度，すなわち転移温度は20K程度のきわめて低い温度であった．ところが1986年ベドノルツ（J.G. Bednorz）とミューラー（K.A. Mueller）は，ある種のセラミックスで30K以上の温度で超伝導を示すことを見いだした．これを契機に爆発的な高温超伝導体の探索競

☕ Coffee break

BCS理論　クーパーは26歳のとき，固体の電子の運動を調べているとき，ある場合には伝導電子と格子振動の相互作用の結果として生ずる電子の対ができることを見いだした．これをクーパーペア（クーパー対）と呼ぶ．

このクーパーペアの理論を知ったバーディーンは，クーパーペアの理論を用いると超伝導の現象が説明できるのではないかと考え，弟子のシュリーファーにその説明を試みるように指示した．その結果いままで永い眠りについていた超伝導の現象をみごとに説明することができた．そのときクーパーは27歳，シュリーファーは26歳であった．

彼らはこの業績によって，1972年ノーベル物理学賞を授与された．

ちなみに，バーディーンは，1956年トランジスタの発明でノーベル物理学賞を受賞している．ノーベル物理学賞を2回受賞したのはバーディーン1人である．

BCS 理論（1957 年）

バーディーン（J. Bardeen：1908〜1991 年，イリノイ大学）
　　　　　　（1956 年　ノーベル物理学賞受賞）
クーパー（L. Cooper：1930 年生，ブラウン大学）
シュリーファー（J. Schrieffer：1931 年生，ペンシルヴァニア大学）

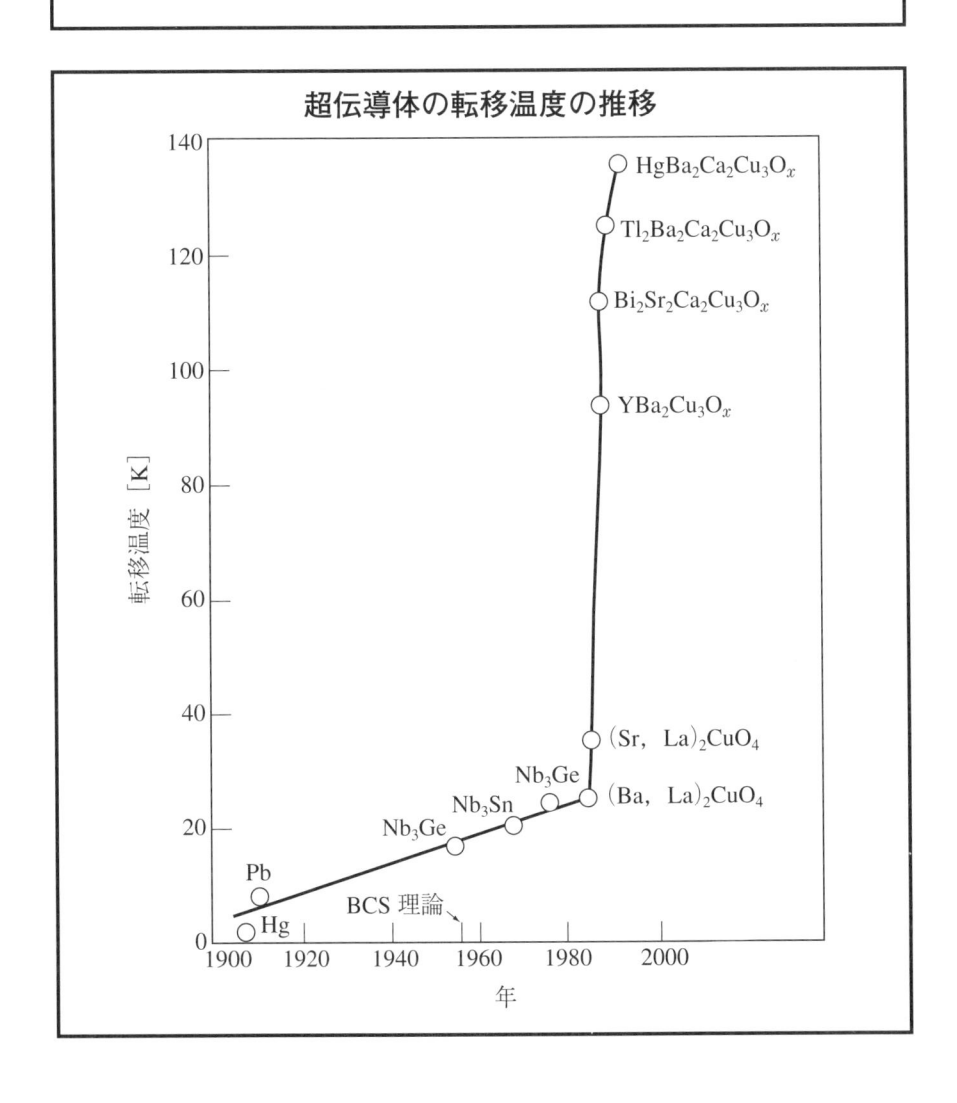

超伝導体の転移温度の推移

- HgBa$_2$Ca$_2$Cu$_3$O$_x$
- Tl$_2$Ba$_2$Ca$_2$Cu$_3$O$_x$
- Bi$_2$Sr$_2$Ca$_2$Cu$_3$O$_x$
- YBa$_2$Cu$_3$O$_x$
- (Sr, La)$_2$CuO$_4$
- (Ba, La)$_2$CuO$_4$
- Nb$_3$Ge
- Nb$_3$Sn
- Nb$_3$Ge
- Pb
- Hg
- BCS 理論

転移温度 [K]
年

争が世界中で始まった．

1987年には日本とアメリカでほぼ同時に90Kでも超伝導を示す酸化物が発見された．1998年時点では転移温度134Kのものが見いだされている．これらは一般にセラミック高温超伝導体と呼ばれている．

現在この高温超伝導はBCS理論では説明しにくく，その機構の説明がいろいろ試みられている段階である．

BCS理論を構築した2人，クーパーとシュリーファーは，20世紀若手の理論物理学者の三羽カラスの2人であるといわれている．もう1人は誰であろうか？　あなたであろうか？　残念ながら，それは5-6節で述べるジョゼフソンである．

5-5　超伝導体の応用

超伝導の応用としては，超伝導送電，超伝導マグネットが代表的なものである．

超伝導送電　　超伝導体は抵抗がゼロなので，エネルギー損失が起こらないので，送電線に用いようとするもので，超伝導体送電線が開発されている．セラミックス高温超伝導体は，線状にしにくい難点がある．

超伝導マグネット　　超伝導体は電気抵抗がゼロなので，大電流を流してもジュール熱は発生しない．したがって超高磁場を発生させることができる．この超高磁場を用いて，車体を浮かして，力学的摩擦を抑えたものがリニアモーターカーで，すでに時速500km以上のものが試運転されている．

超伝導のエレクトロニクスへの応用としては，次に述べるジョゼフソン素子がある．

5-6　ジョゼフソン効果

1962年当時イギリスのケンブリッジ大学の学生であったジョゼフソン（Josephson）は，図5-2に示すように，きわめて薄い常伝導体を2つの超

ジョゼフソン効果（1962年）

ジョゼフソン（B. D. Josephson：1940年生，イギリス）

 1962年 ジョゼフソン効果（22歳）

 1973年 ノーベル物理学賞受賞（33歳）

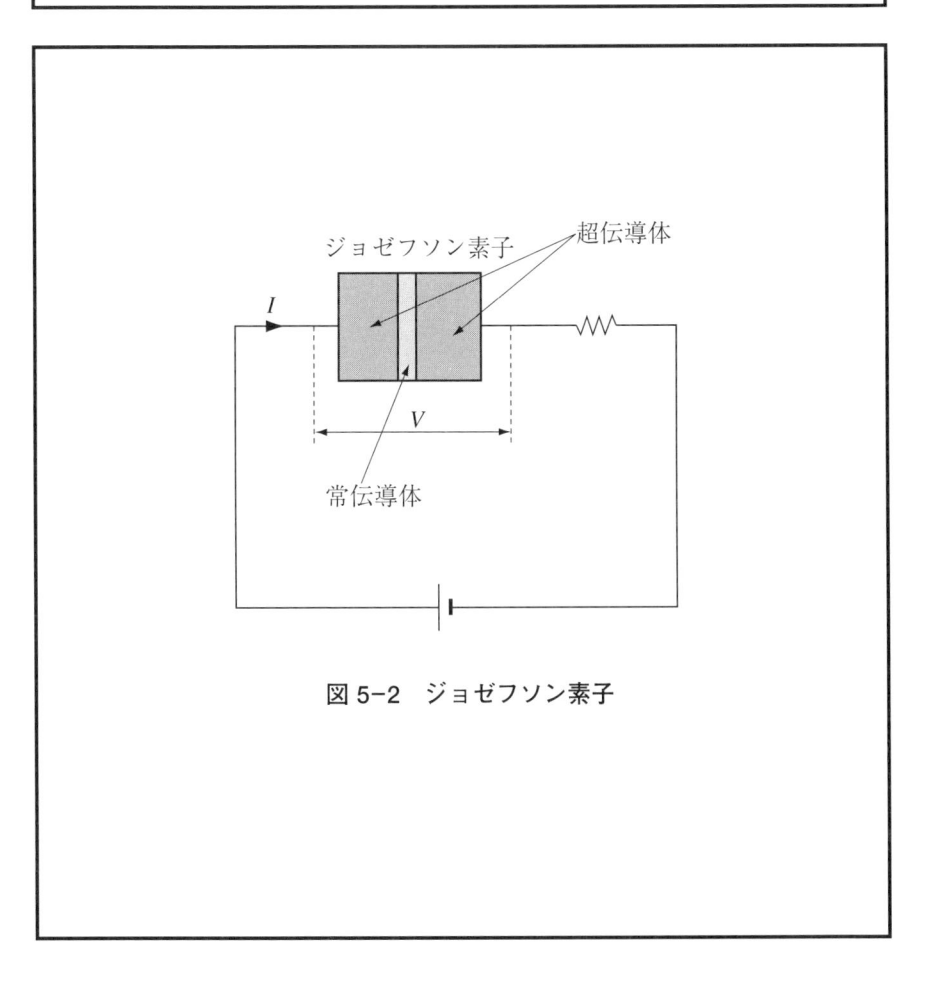

図5-2 ジョゼフソン素子

伝導体ではさみ，超伝導体が弱い結合状態におかれたとき，両者の間に電位差がなくても直流電流が流れ，その電圧-電流特性は図 5-3 のようになることを計算の結果見つけた．その後この現象は実験的にも確かめられ，その機構もクーパーペアのトンネル効果で説明できることがわかった．

この発見でジョゼフソンは，1973 年江崎氏と一緒にノーベル物理学賞を受賞した．江崎氏は半導体のトンネル効果で，ジョゼフソンは超伝導体のトンネル効果である．

5-7　ジョゼフソン効果の応用（SQUID）

ジョゼフソン効果はいろいろな特徴がある．図 5-2 の構造の素子は，SQUID（**Su**per-conducting **Qu**antum **I**nterference **D**evice：超伝導量子干渉デバイス）と呼ばれ，いままでのデバイスでは見られなかったきわめて特徴的な特性がある．

（1）微弱な磁束の測定

図 5-3 に示す電位差がなくても流れる直流電流をジョゼフソン電流というが，このジョゼフソン電流は，ジョゼフソン素子に非常に微弱な磁束（$hc/2e = 2 \times 10^{-7}$ ガウス）の整数倍を加えるとそれぞれゼロになる．この様子を図 5-4 に示す．

☕ Coffee break

> **ジョゼフソン**（B.Josephson, 1940〜）　ジョゼフソンは，ノーベル物理学賞受賞者のアンダーソン（P.Anderson）が，イギリスのケンブリッジ大学で行った講義のコースに出席していた学生であった．ある日の講義終了後，ジョゼフソンは，電子の超伝導クーパーペアによるトンネル効果の計算をアンダーソンに示したのであった．そのときジョゼフソンは弱冠 22 歳であった．

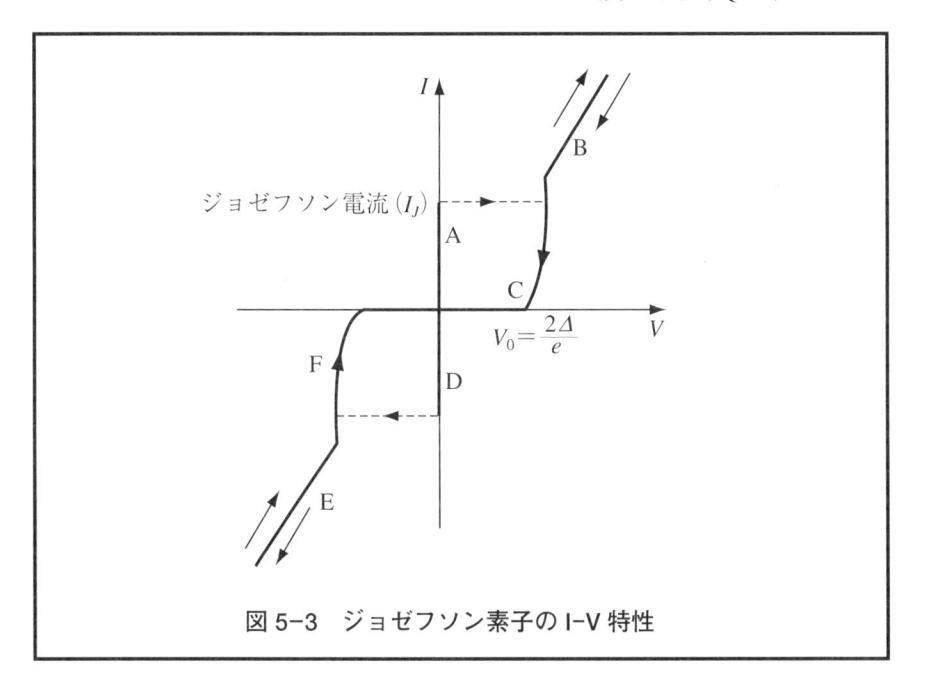

図 5-3　ジョゼフソン素子の I-V 特性

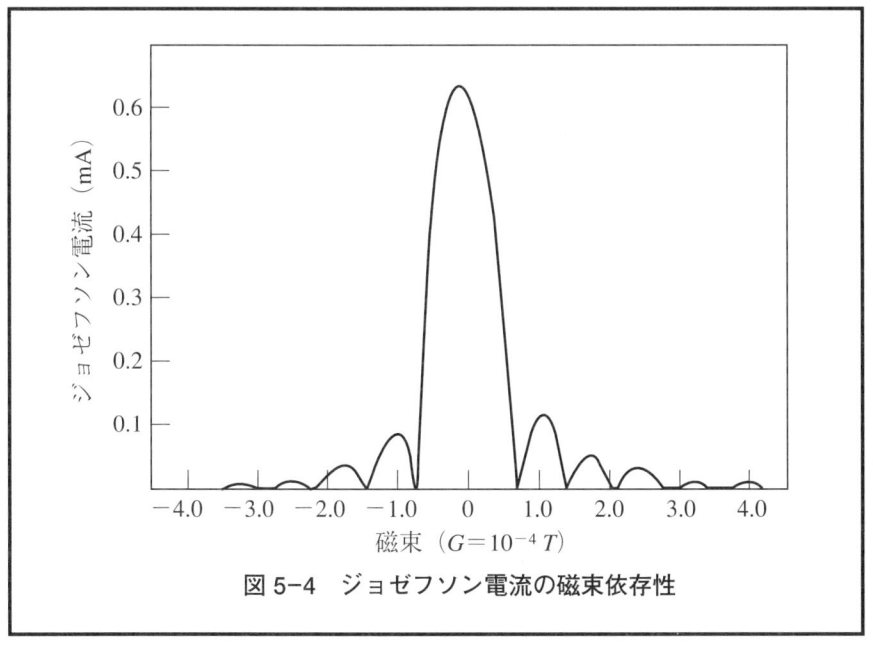

図 5-4　ジョゼフソン電流の磁束依存性

これを利用するときわめて微弱な磁束を測定することができる．図5-5は磁束の測定範囲を示したもので，われわれの心臓からでている磁束はもちろん，脳から出ている磁束まで測定できる．これを利用した磁気心臓学（心磁図）も生まれている．

（2）標 準 電 圧

図5-3の電流がゼロのときの電圧 V_0 は，$V_0=2\Delta/e$ （Δ：超伝導体の禁制帯幅）で表され，物理定数だけで決まる．そこでこの値を全世界共通で絶対的電圧標準に用いられるようになった．

（3）電波の測定

接合が周波数 f_s の電波にさらされたとき，電圧−電流特性が階段状になる．n 番目の定電圧 V_n は，$V_n=(nhf_s)/2e$ で与えられる．したがって V_n を測定することによって f_s を求めることができる．このことを利用して，宇宙の彼方（100万光年以上）から発せられる電波を測定することができる．

（4）物理定数の精密測定

以上述べたように，ジョゼフソン素子によって，いままで考えられなかった精度での測定が可能になり，その結果，物理定数の大改訂が行われた．

その一例として，地球の運動のスピードも修正が行われ，これまでの1年の長さに1秒の誤差があることがわかり，潤秒をもうけてこの誤差を修正するようになった．

（5）コンピュータ素子

電流−電圧の不連続な特性を利用すると，スイッチの on, off を行わせることができ，計算機素子として用いることができる．これを用いたコンピュータがジョゼフソンコンピュータで，いまの半導体コンピュータよりもより高速の超高速コンピュータの可能性がある．

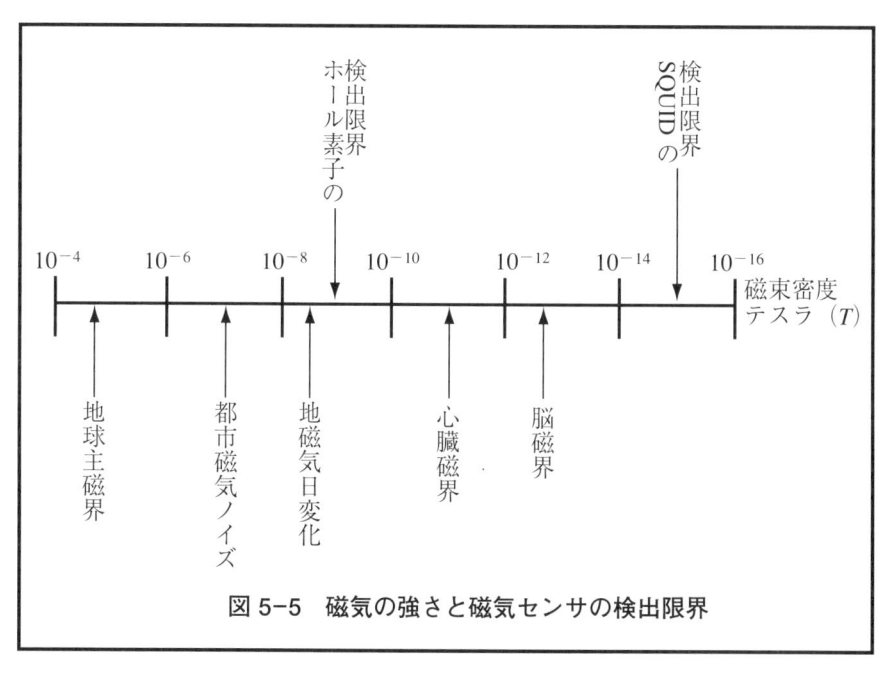

図 5-5　磁気の強さと磁気センサの検出限界

磁束密度 テスラ (T)

目盛: 10^{-4}, 10^{-6}, 10^{-8}, 10^{-10}, 10^{-12}, 10^{-14}, 10^{-16}

- ホール素子の検出限界
- SQUIDの検出限界
- 地球主磁界
- 都市磁気ノイズ
- 地磁気日変化
- 心臓磁界
- 脳磁界

SQUID の医学への応用例

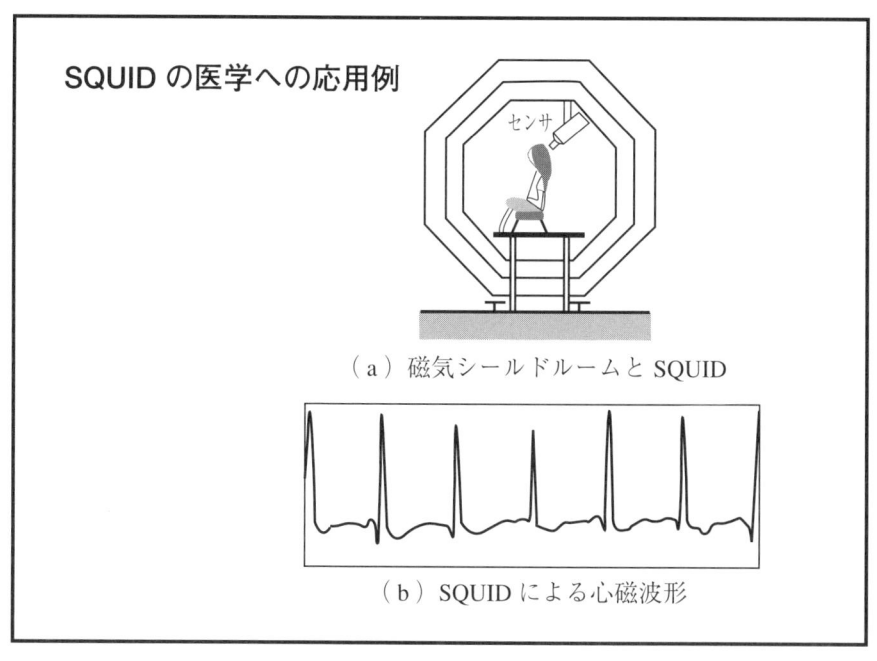

（a）磁気シールドルームと SQUID

（b）SQUID による心磁波形

第6章
エレクトロニクスと情報科学

6-1 情報の伝達手段

　いまの社会は情報化社会といわれている．われわれの身の回りにも情報が満ちあふれている．会話はもちろん，新聞，テレビ，ラジオ，さらには電子メールなど，いわゆるメディアといわれているものはすべて情報関係である．

　情報の目的は，より速く，より遠くへ，より正確に，よりたくさんの，情報を伝えたい．

6-2 情報をアナログからディジタルへ

　無線通信が情報の伝達手段として利用されるようになってからは，周波数の概念が導入されるようになった．日常の情報伝達手段である音声などの連続量（アナログ）を分割して，ディジタル量にして情報を伝達するパルス符号変調方式（PCM）が用いられるようになった．

　ディジタル量にすると，信号伝送のスピードもあがる．たとえば，音声を伝送するとき，アナログ量では1秒間かかるものをディジタル量にすると，0.0015秒で可能になる．またその残りの0.9985秒間は別の信号を伝送することができ，情報量も多くなる．

6-3 情報を電磁波にのせて

いまの情報伝達手段は，波を使っている．波というとわかりにくいかもしれないが，たとえば NHK ラジオの第 1 放送の周波数は，594 kHz と決まった周波数の波で情報を送っている．

波として正弦波を考えてみると，周波数が高くなると，単位時間の on（波の山），off（波の谷）が多くなり，単位時間の情報量が多くなる．したがってできるだけたくさんの情報を短時間に送ろうとすると，周波数を高くする必要がある．

図 6-1 をみてわかるように，周波数を高くしていくと，マイクロ波から遠赤外，赤外，可視光となり，いわゆる光の周波数を用いることになり，これが「光通信」である．

光通信をわれわれの身近なものに引き寄せたのが「レーザ」であり，「光ファイバ」である．

光を通信の手段として使う場合には，

発信器＝レーザ，伝送路＝光ファイバ，受信器＝光検出器

の 3 点セットが必要である．

6-4 光通信の発信器：レーザ

発信器としては，発光ダイオードは使えず，現代エレクトロニクスが創り出した人工光線「レーザ光」が使われる．その理由としては，情報源としては，一定の周波数を用いる必要がある．発光ダイオードの光は 4-5 節で述べたようにいろいろな周波数が混ざっているので，情報源としては不適である．それに対してレーザ光は一定の周波数の光，すなわち単色光であり，かつ位相のそろった「コヒーレント光」であり，それに情報をのせることができる．

図 6-1 電磁波の分類

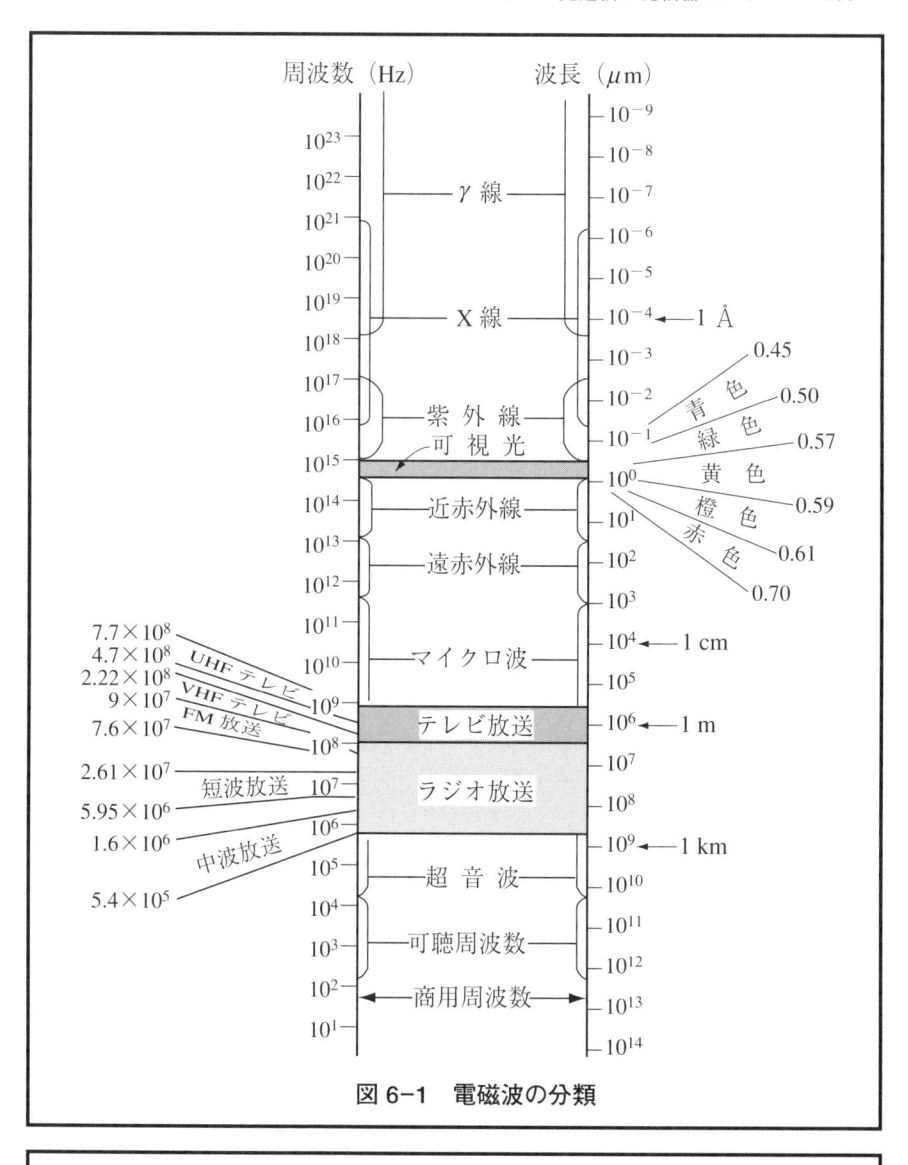

光通信の3点セット
① 発信器：レーザ
② 伝送路：光ファイバ
③ 受信器：光検出器

6-5 光通信の伝送路：光ファイバ

電気信号を伝えるには，電線が必要であるように，レーザ光を伝えるには電線に相当するものが必要である．それが「光ファイバ」である．

光は直進し，あるいは反射，屈折する．光は屈折率の大きな物体から，屈折率の小さな表面に，小さな入射角で当たると，完全反射される．図 6-2 に示されているように，クラッド（殻）という外側と，それよりも屈折率の大きな（屈折率差 0.3％程度）コア（芯）の 2 層からなる外径 0.125 mm（国際的に決められている）の，人間の髪の毛の半分ほどの細さの石英ガラスでできた繊維をつくると，光はこのコアの中に閉じこめられて，光が外に漏れることがない．これが光ファイバである．この原理は 1964 年に，わが国の西沢潤一氏によって提案された．

現在は光ファイバを通る光の損失もきわめて小さく，20 km の長さの光ファイバで光が半分にしかならない程度で，図 6-3 に示すように 1 km あたりの損失は 0.15 デシベルという，ほぼ理論限界に近い値にまで達している．

6-6 光増幅器

光ファイバは低損失といっても，20 km ほど伝搬すると，光はもとの半分以下になってしまう．そこで普通は，ここで電気信号になおして電気的に増幅，波形整形して，ふたたび光としてファイバへ送り出す．これを再生中継と呼んでいる．しかし最近，光のままでその強さを増幅する方法が開発された．これが光増幅器である．

光増幅器の一つとして，半導体レーザ増幅器がある．半導体レーザを発振器と同時に増幅器として使う．もう一つは光ファイバ増幅器で，特殊な元素（たとえばエルビウム）を光ファイバのコアにドープして，これを短い波長の強い光で励起し，レーザ光を増幅する．

図 6-2 光ファイバの構造図

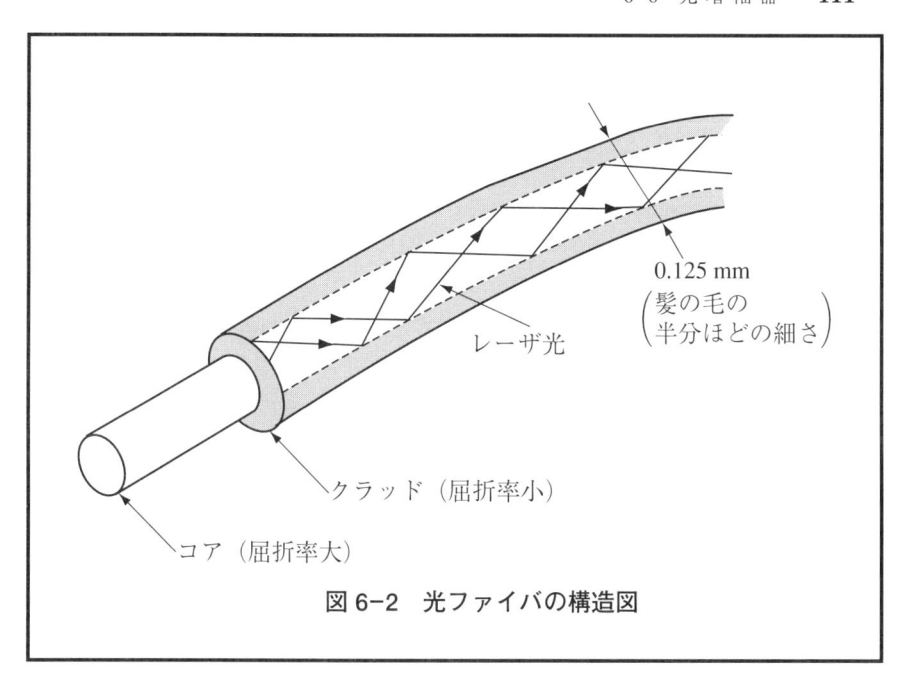

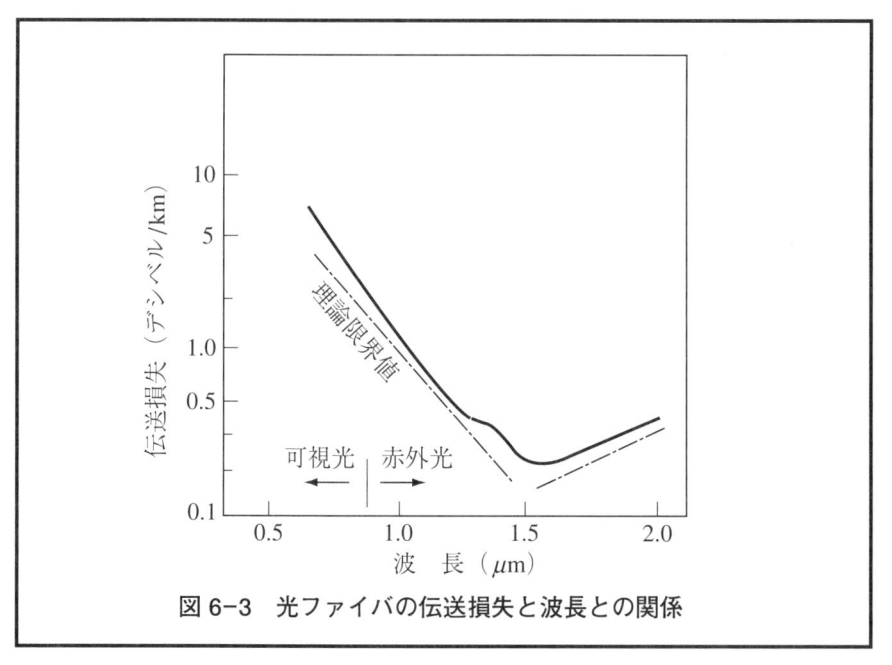

図 6-3 光ファイバの伝送損失と波長との関係

6-7 何が光通信の特長か？

　第1の特長は，情報量が大きいことである．レーザ光は，周波数が非常に高く，1秒間に 10^{14} 回点滅する．したがってレーザ光による情報量は，普通の金属ケーブルに比べてけたちがいに大きく，髪の毛のような細い光ファイバで 1,000 倍以上の情報を送ることができる．

　第2の特長は，長距離伝送が可能である．情報を長距離伝送すると，信号が減衰してしまうので，途中に中継器を設けて信号を増幅させなければならない．金属ケーブルの場合 10 数 km ごとに中継器を設けなけらばならない．光ファイバでは，損失がきわめて小さく，光増幅器の進歩により，数千 km 程度まで再生中継なしで伝送できる．10,000 km もある日本−アメリカ間を，光ファイバ増幅器だけの中継で伝送できるようになった．

　第3の特長は，金属ケーブルと比較した場合，耐絶縁性，耐火性，耐水性，耐腐食性など，いろいろな長所がある．

　しかし天は二物を与えずで，欠点もある．光ファイバは，金属ケーブルのようにエネルギーを伝達するには適していない．

6-8 情報の極限−タキオンで過去への通信

　光はわれわれの知っているものの中で，もっとも高速で，1秒間で地球を7周り半する．ところが光速よりも速い粒子がもしもあったら（相対性原理では否定されているが），その粒子を使って過去への通信が可能になろう．このような超光速粒子は，ギリシャ語の「速い」という意味を持つ言葉から「**タキオン**」と名付けられている．

　光速よりも速いタキオンで，地球から宇宙へ向けて飛び立ったと想像してみよう．そうすると，地球から発せられた光を，どんどん追い越していくことになる．いい換えるとタキオンが，追いついた光は過去をどんどんさかのぼって発せられた光になる．これはちょうどビデオを逆にまわしたような状態になり，あたかも過去へ向けて進んでいるように見える．

光通信の特長

① 情報量が大
② 長距離伝送が可能
③ 耐絶縁性，耐火性，耐水性，耐腐食性：優れている

光通信の欠点

エネルギー伝送には不適

光より速いものがあるか？

超光速粒子：タキオン
過去への通信

タキオンの質量は虚数？

6-9　タキオンは存在するか？

　タキオンがもしも存在すれば，タキオンの質量は虚数になってしまう．タキオンが存在するか否かは，物理の歴史が一つの答えを与えてくれるであろう．

　古典物理学（ニュートン物理学：1930 年頃まで）では，負（マイナス）の質量は存在しなかった．1930 年代以降の量子物理学では，負の質量は肯定され，現在では実験的にも確認されている．

　同じように 21 世紀の物理学では，虚数の質量，すなわちタキオンも肯定されるかもしれない．

　タキオンを追い続けている物理学者もおり，光に関しては無限のロマンが広がっている．

第7章
21世紀のエレクトロニクス

7-1 量子効果デバイス

「現代産業の米」といわれている半導体集積回路は,年とともに集積度は上がり,デバイスの寸法はますます小さくなっていく.それでは寸法の限界はどこで決まるのか.さらに小さくしていくとどうなるか.その行きつく先は,電子は粒子としてでなく,波動として振る舞うようになり,電子の波動性を利用した新しいデバイス,すなわち量子効果デバイスが生まれてくる.本章ではこの量子効果デバイスについて説明する.

(1) 超格子

量子効果デバイスの糸口となったのが,1970年に江崎玲於奈氏によって提唱された超格子 (super-lattice) の概念である.そこでまずこの超格子について説明しよう.

固体中の電子は,印加電界に対して真空中の電子とはまったく異なった運動をすることは,いままでの説明で十分理解されたであろう.その一例として,たとえば散乱をまったく受けないとすると,直流電界によって加速される場合でも,一つの許容帯内に閉じ込められている結晶内電子は,一方向に連続的に加速されるのではなくて,速度を周期的に反転し,実空

間のある限られた範囲を往復運動し続ける．これを**ブロッホ**（Bloch）**振動**と呼ぶが，結晶内電子の特徴的なモードである．

まずこのブロッホ振動現象について説明しよう．第 2 章で説明したように，結晶内電子は帯理論（band theory）によって支配され，許容帯中の電子の運動状態は k 空間（またの名を運動量空間）で特徴付けられる．

2-5 節で説明したように，許容帯の下の部分の電子の実効質量 m^* は正であるが上の部分の実効質量 m^* は負である．図 7-1 に示すように，許容帯に 1 個電子を入れた状態を考える．これに電界 F を加えると電子は加速され運動エネルギーは大きくなるので，電子は許容帯の上の方に移動することになる．そうすると電子の実効質量 m^* は正から負に変わる．電子の加速度 α は

$$\alpha = -\frac{eF}{m^*} \qquad (7\text{-}1)$$

で与えられるから，結果的には，電子は加速の状態（電界と逆方向）から減速の状態に移り，電界と逆方向に電流を流すことになって負性抵抗が現れる．

したがって，この現象を利用すれば，発振・増幅などを示す能動素子ができるはずである．この概念は 1959 年クレーマ（Kroemer, 2000 年にノーベル物理学賞受賞）によって提唱され，**NEMAG**（**Negative Electron Mass Amplifier and Generator**）と名付けられた．しかし，既存の結晶を用いたのでは，実効質量を正から負に変えるエネルギー（すなわち許容帯の幅）が大きすぎ，また不純物，格子振動，とくに光学フォノンによる散乱が大きいため，負質量領域まで電子を加速することがむずかしく，デバイスとしては具体化しなかった．

それならば，負質量領域までもっていくエネルギー（許容帯の幅）を小さくできれば NEMAG の実現が可能になる．許容帯の $E\sim k$ の関係曲線を拡大して図 7-2 の実線で示す．図 7-2 中に破線で示したようなミニバンドができれば NEMAG の可能性がある．

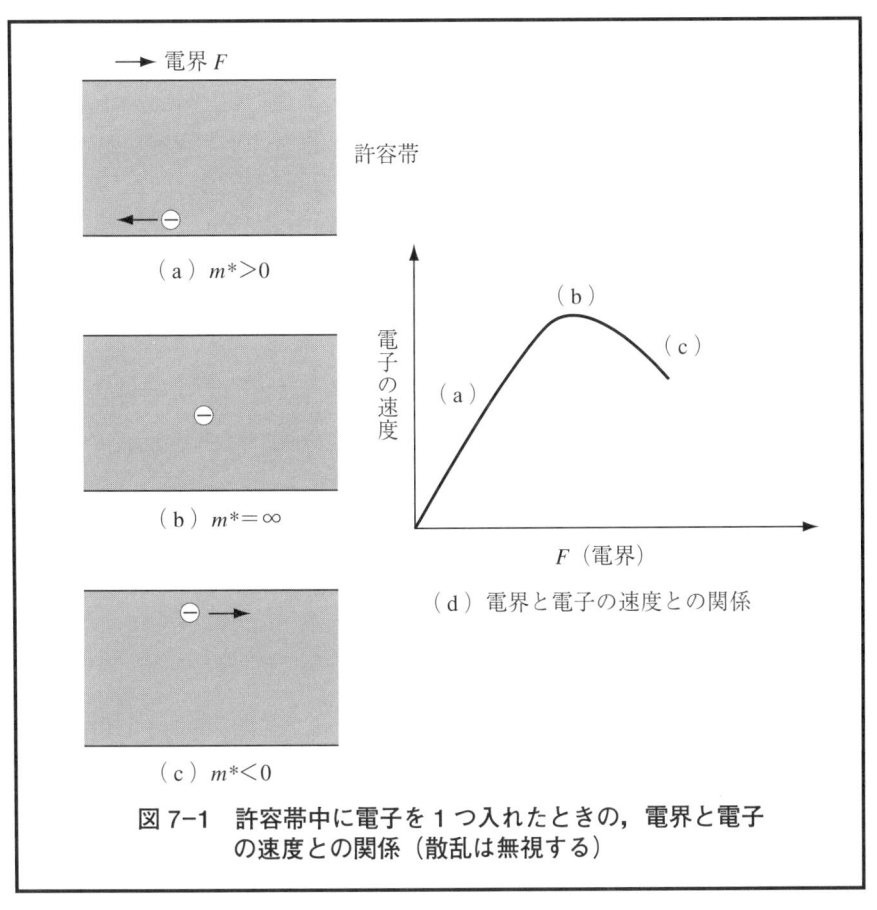

7-1 量子効果デバイス

(a) $m^* > 0$

電界 F

許容帯

(b) $m^* = \infty$

(c) $m^* < 0$

(d) 電界と電子の速度との関係

図 7-1 許容帯中に電子を1つ入れたときの，電界と電子の速度との関係（散乱は無視する）

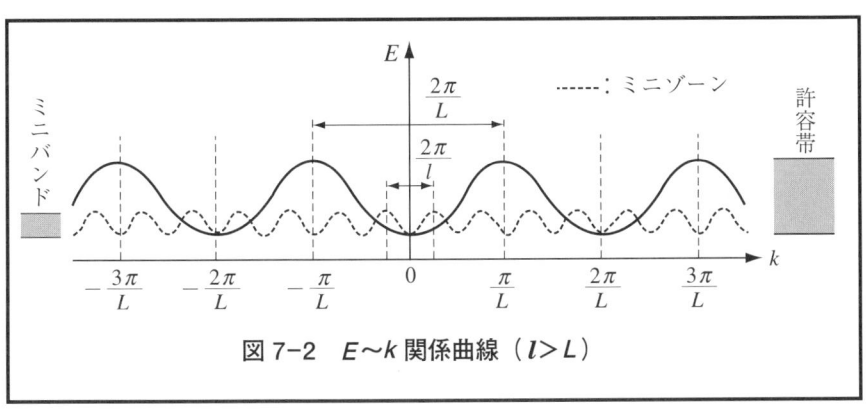

図 7-2 $E \sim k$ 関係曲線（$l > L$）

次にこのミニバンドを形成するには，どうしたらよいか考えてみよう*．図 7-2 で示したように，ブリルアンゾーンの幅は $2\pi/L$ で与えられる．ここで L は固体中の電子の受ける周期ポテンンシャルである．図 7-2 に示すように，ミニバンドは，ブリルアンゾーンの幅 $2\pi/L$ を小さくすることに対応し，したがって L を大きくすることになる．しかし，一般には L は固体の格子定数に対応し，固体が与えられてしまうと一義的に決ってしまう．

ところがたとえば p-n 接合を数 10 Å の厚さでくり返し作っていくと，図 7-3（a）のようなポテンシャルが得られ，その周期は p-n 接合の長さ（厚さ）l で決まる．このように周期ポテンシャルを人工的に設けることによってミニバンドを形成し，結晶内電子の示す負質量をデバイスに利用することができる．この長い周期的ポテンシャルは，実効的には格子定数 L を大きくしたことに対応するので，超格子（super lattice）と呼ばれている．

この超格子の概念を発表したのが，トンネルダイオードの発明者である江崎氏で，1970 年のことである．

なお超格子は p-n 接合でなくても，図 7-3（b）に示すようなヘテロ接合でも得られる．現在では一般にヘテロ接合で超格子を形成する場合が多い．

江崎氏は分子線エピタキシーという結晶成長法を計算機で制御して 40 Å の GaAs と 30 Å の $Ga_{0.3}Al_{0.7}As$ 層からなる 70 Å 周期の 50 層の超格子を作っている．図 7-4 はその素子の電圧-電流特性で，図 7-1（d）の特性と非常によく一致している．

（2）人工格子

前節で述べた超格子は，見かたを変えると，固体中の電子の周期ポテンシャルを人工的に制御することになる．この意味で超格子を人工格子

---

*拙著『半導体工学（第 2 版）』253 ページ参照．

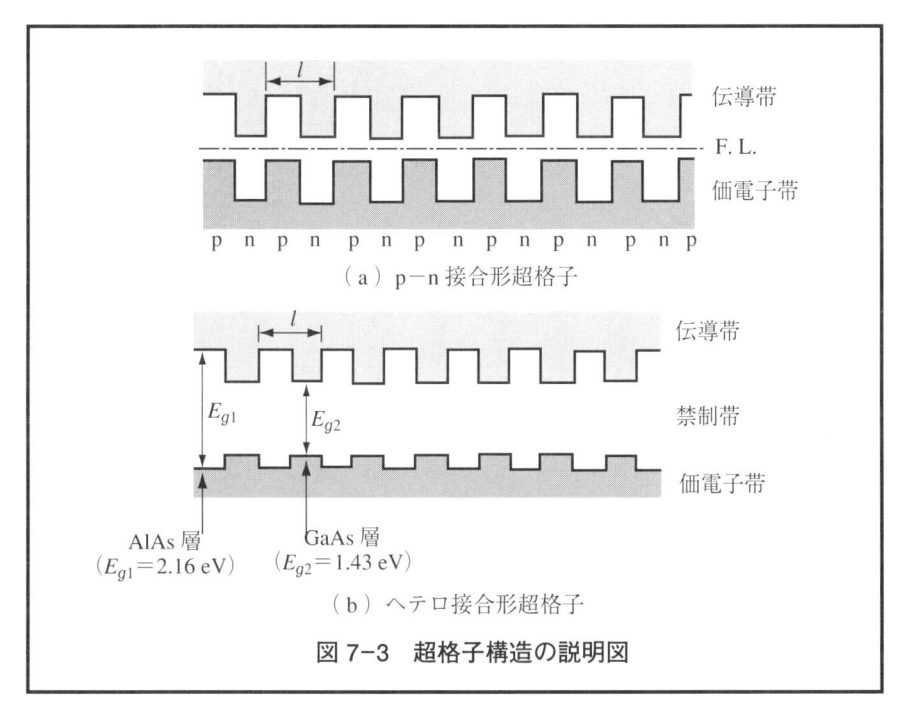

図 7-3　超格子構造の説明図

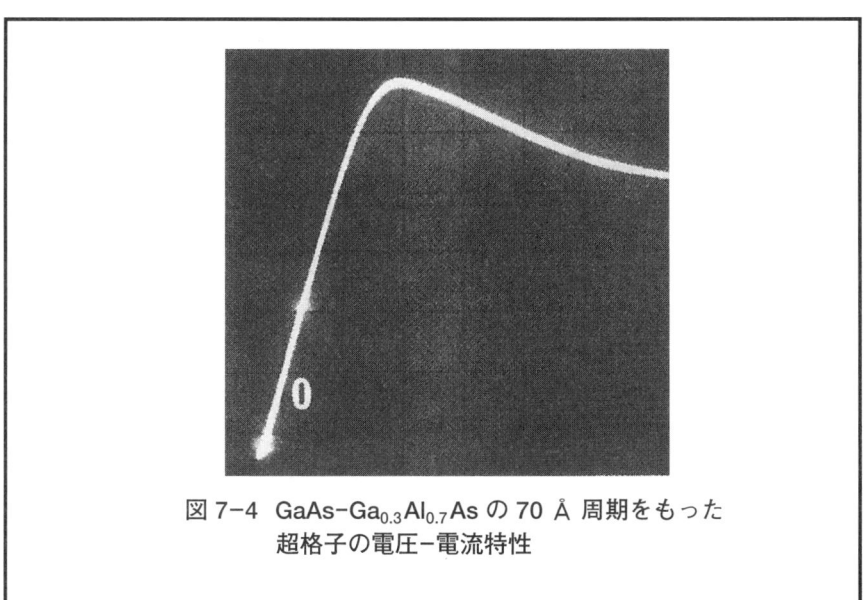

(a) p-n 接合形超格子

(b) ヘテロ接合形超格子
AlAs 層 ($E_{g1}=2.16$ eV)
GaAs 層 ($E_{g2}=1.43$ eV)

図 7-4　GaAs-Ga$_{0.3}$Al$_{0.7}$As の 70 Å 周期をもった超格子の電圧-電流特性

（artificial lattice）と呼ぶことがある．

固体の電気的・光学的性質は，固体中の電子の受ける周期ポテンシャルで決まる．人工格子を用いて周期ポテンシャルを制御すると，基本的には固体の電気的・光学的性質を制御することができる．

（3）量子井戸

量子力学によると，図 7-5 に示すような 1 次元の井戸型ポテンシャルに電子を入れた場合，図示のような新しいエネルギー準位が形成される．この 1 次元井戸型ポテンシャルは，半導体ヘテロ接合で実際につくることができる．図 7-6 のように GaAs の両側を AlAs で挟んだヘテロ接合を考えよう．GaAs の禁制帯幅は AlAs よりも小さいので，このヘテロ接合の伝導帯に図 7-6 に示したポテンシャルの井戸ができる．このポテンシャルの井戸を，一般に量子井戸（quantum well）と呼んでいる．

熱エネルギー kT（300 K で約 0.025 eV）の 2 倍程度になる井戸の幅 L は，数 nm のオーダである．

現在の半導体技術では，量子井戸の幅，すなわち図 7-6 の GaAs の厚さは単原子層で形成することが可能である．量子井戸の幅すなわち GaAs の厚さを変えると，エネルギー準位も変わる．

図 7-7 はこの様子を示したもので，理論値と実測値がきわめてよく一致している．これは量子力学の理論の素晴らしさか，あるいは現代科学技術の美しさなのか，いや両方の美しさを端的に表したものであろう．

この量子井戸は実際にレーザダイオードの形成に使われている．量子井戸で形成されるサブエネルギー準位から，価電子帯までのエネルギー（図 7-7 の $1.43+E_1$ のエネルギー）に相当する波長のレーザ光を発することができる．図 7-7 からわかるように量子井戸の幅を変えることによって 1.43 eV（赤外）から 1.75 eV（赤）の範囲で発光波長を変えることができる．

このようにレーザダイオードで，活性層のところに量子井戸構造を持たせたものを一般に**量子井戸レーザダイオード**と呼んでいる．活性層内に含まれる量子井戸が 1 つのものを**単一量子井戸**（Single Quantum Well：

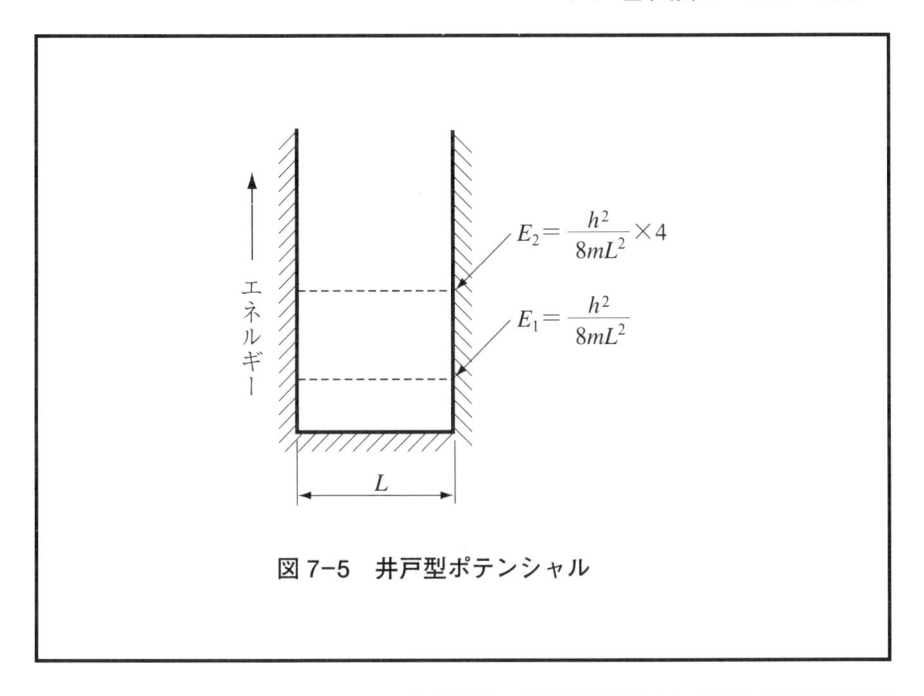

図7-5 井戸型ポテンシャル

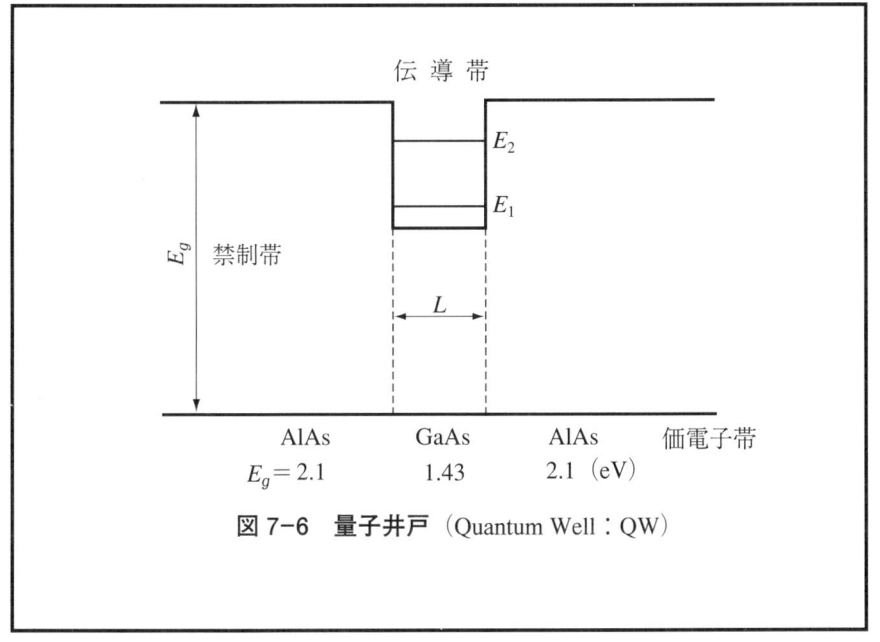

$$E_2 = \frac{h^2}{8mL^2} \times 4$$

$$E_1 = \frac{h^2}{8mL^2}$$

図7-6 量子井戸（Quantum Well：QW）

AlAs　　GaAs　　AlAs
$E_g = 2.1$　1.43　2.1（eV）

SQW），複数の場合を**多重量子井戸**（Multi-Quantum Well：MQW）と呼んでいる．

量子井戸レーザは，従来のレーザに比べて次のような特長があり，量子井戸の採用が，レーザの高性能化にはきわめて有望な方法である．

① 発光波長が量子井戸幅を小さくすることにより，短波長側へシフトし，半導体の組成を変えることなく，目的とする波長のレーザを製作することが可能である．
② 量子準位間の遷移であるため，状態密度関数が段階状となり，電子のエネルギー分布がより局在化し，発光スペクトルが鋭いピークを持つ．
③ 同様に電子分布の温度変化が少なく，レーザの温度特性が向上する．
④ 安定な単一縦モード発振が実現されやすい．

（4）量子面から量子細線，量子箱，さらに量子点へ

これまで説明した超格子は数 nm の半導体薄膜を交互に積層したもので，その結果として量子井戸が現われたりする．この量子井戸は図 7-8（a）に示すように電子を x 方向の 1 次元に閉じ込めることに相当し，そこでこれを一般に**量子面**（quantum plane）という．

超格子を同図（b）のように z 軸にも形成すると，量子面が細い線状になる．これを**量子細線**（quantum wire）という．これをさらに進めて y 軸方向にも超格子を形成すると（3 次元超格子），量子細線が分割され箱状になる．これを**量子箱**（quantum box）という．量子箱をさらに小さくしていくと**量子点**（quantum dot）になる．

量子面に閉じこめられた電子を **2 次元電子ガス**，量子細線に閉じ込められた電子を **1 次元電子ガス**，同じく量子箱に閉じ込められた電子を**ゼロ次元電子ガス**という．

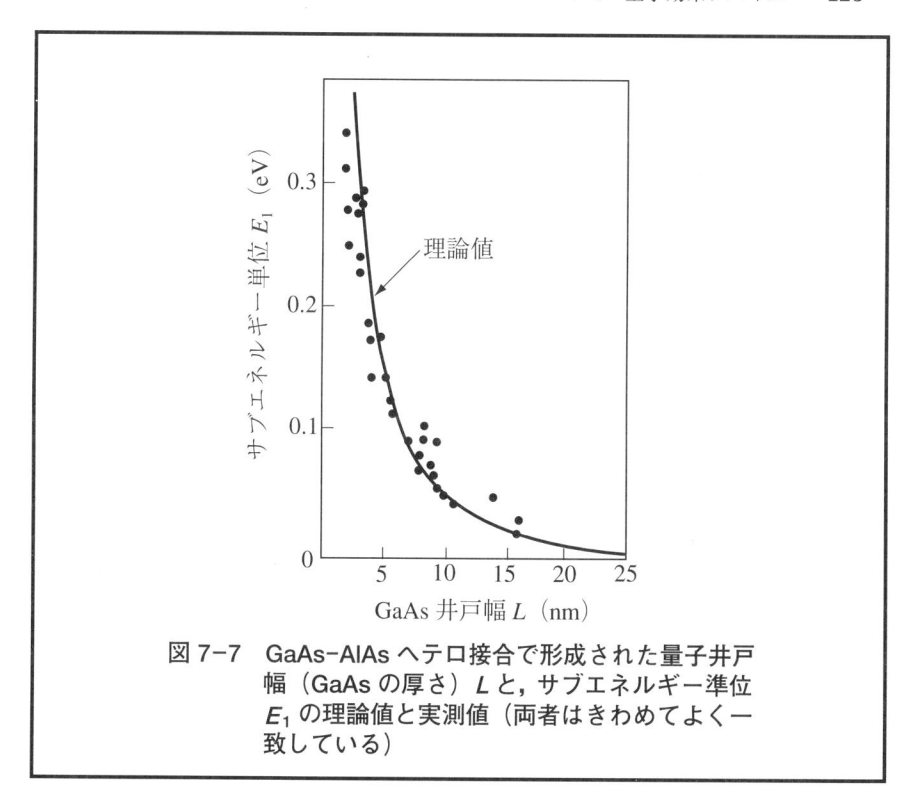

図 7-7 GaAs-AlAs ヘテロ接合で形成された量子井戸幅（GaAs の厚さ）L と，サブエネルギー準位 E_1 の理論値と実測値（両者はきわめてよく一致している）

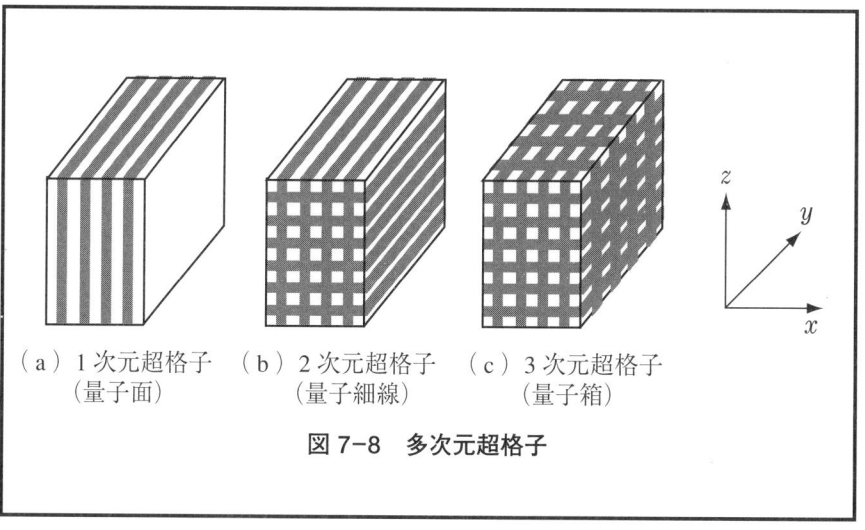

（a）1次元超格子　（b）2次元超格子　（c）3次元超格子
　　（量子面）　　　　（量子細線）　　　　（量子箱）

図 7-8 多次元超格子

(5) 電子の粒子性から波動性へ

これまで述べたものは,電子の場は量子効果であるが,電子そのものは粒子として取り扱うことができる.

ところがさらにすすむと,電子を粒子としては取り扱うことができず,波動として取り扱う方が適切であるものがある.以下それらについて説明しよう.

Si 結晶をどんどん小さくしてみよう.n 型 Si の結晶中には,普通 1 cm^3 当たり 10^{17} 個程度の伝導電子が含まれている(金属の場合には約 10^{23} 個).このように電子がたくさんある場合には,電子は粒子として振る舞う.これは 1-3 節で述べた量子物理学の波束に対応する.Si を 0.1 μm 角に微小化してみよう.そうすると電子の数は 100 個になってしまう.金属の場合には 0.1 μm 角にしても電子数は,まだ 10^8 個存在する.このようにサイズを小さくしていくと,電子を統計的に取り扱えなくなり,電子 1 個 1 個の振る舞いが問題になってくる.このような場合には量子物理学の教えるところによると,電子が波動として振る舞うようになる.

たとえていうならば,100 人入っている講義室を想定してみよう.このときは個人の振る舞いは無視され,100 人の集団としての行動が支配的になる.これが粒子である.その講義室を小さくしていって,5 人程度になると,今度は 5 人の集団よりも,5 人それぞれの振る舞いが支配的になる.これが波動としての振る舞いになる.

それでは電子が粒子的性質を示すか,波動的性質を示すか,どの辺の寸法で決まるのか.その目安は電子の量子力学的波長(ド・ブロイ波長:約 20 nm)であるが,直感的には電子の平均自由行程と考えることもできる.すなわち寸法が電子の平均自由行程よりも大きい場合には,粒子的性質,それよりも小さくなると波動的性質が現れる.平均自由行程よりかなり大きい場合,その領域をマクロスコピック領域,それよりも小さい領域をミクロスコピック領域,その中間の領域をメゾスコピック領域と呼んでいる(図 7-9).

半導体のサイズと電子数

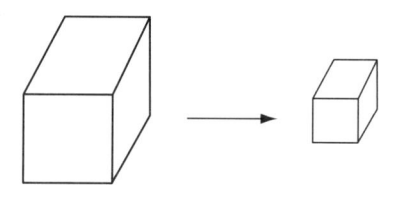

$(1\,cm)^3$ → $(0.1\,\mu m)^3$

電子数〜10^{17} 個 → 電子数〜10^2 個

電子の集団　　　個々の電子
（粒　子）　　　（波　動）

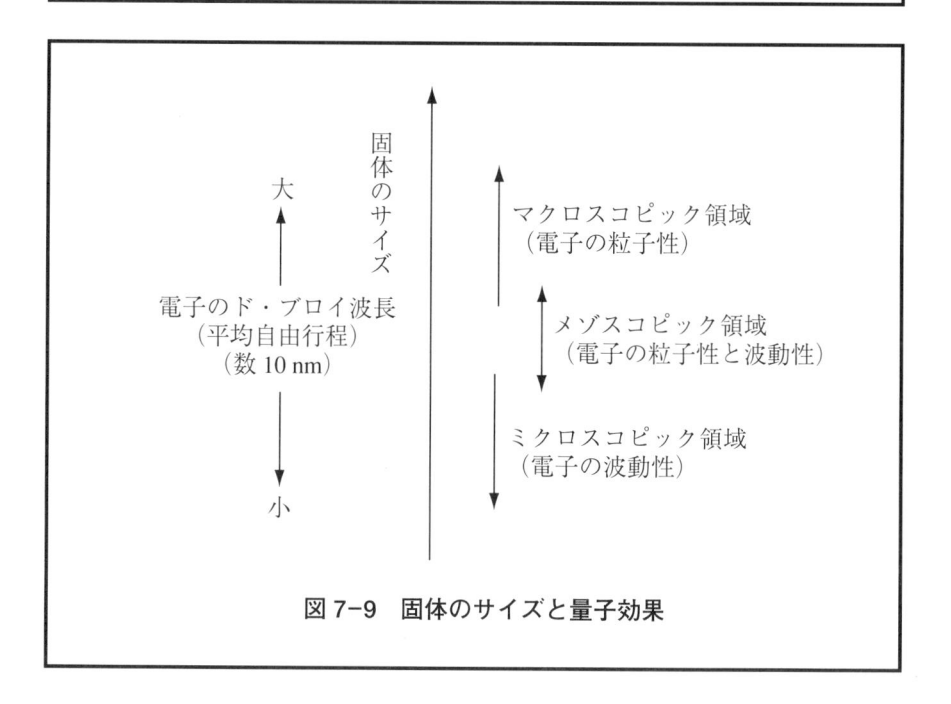

固体のサイズ　大 ↑ ↓ 小

電子のド・ブロイ波長
（平均自由行程）
（数 10 nm）

マクロスコピック領域
（電子の粒子性）

メゾスコピック領域
（電子の粒子性と波動性）

ミクロスコピック領域
（電子の波動性）

図 7-9　固体のサイズと量子効果

(6) 量子効果デバイスの特長

電子が波動として振る舞うと，次のような特長が期待される．

① 電子の緩和時間での制限をクリアでき，超高速デバイスが可能

電子がたくさん含まれている場合には，電子を統計的に取り扱うことができ，電子の挙動は電子の緩和時間近似で取り扱われる．そのためデバイスの応答時間（速度）は，理論的には電子の緩和時間（10^{-13} 秒のオーダ）よりも小さくはならない．すなわち周波数にするとその上限は 10 テラヘルツのオーダである．

固体の寸法を小さくして，電子の波動的性質（電子波）が現れるようになると，電子の緩和時間近似が成り立たなくなり，電子の緩和時間の壁をクリアすることができ，超高速デバイスの出現が期待できる．

② 消費エネルギーの低減化

電子を波動として取り扱う場合，波動の制御は，振幅の制御と，位相の制御で行うことができる．振幅の制御（粒子の時の制御に対応する）の場合にはエネルギーが必要である．位相の制御では，基本的にはエネルギーを消費しない．まったくエネルギーを消費しないかというと，それはハイゼンベルクの不確定性原理に到達してしまう（図 7-10）．

これらは手紙（粒子）と電話（波動）のようなものである．東京から大阪に情報を伝える場合，手紙では時間もかかり，エネルギーも要る．電話ではすぐ伝わり，エネルギーも少なくてすむ．

③ 電子の波動的性質を利用した，まったく新しい機能をもったデバイスの出現

粒子の場合には，振幅の制御のみであるが，波動の場合には，位相，あるいは波長まで制御することができ，変数が 3 倍，いや 3 乗（？）倍になる．また電子波とほかの波動，たとえば光波や格子波との相乗作用を利用することもできる．さらには次節で述べるように干渉効果などの波動としてのいろいろな物理効果を利用することができ，その可能性はきわめて多くなり，いままでになかったまったく新しい機能が期待できる．これらの

量子効果デバイスへの期待

① 超高速デバイス
　（電子の緩和時間をクリア）
② 低消費エネルギー
　（位相の制御）
③ 新機能デバイス
　（波動の相乗効果）
④ ？？？？

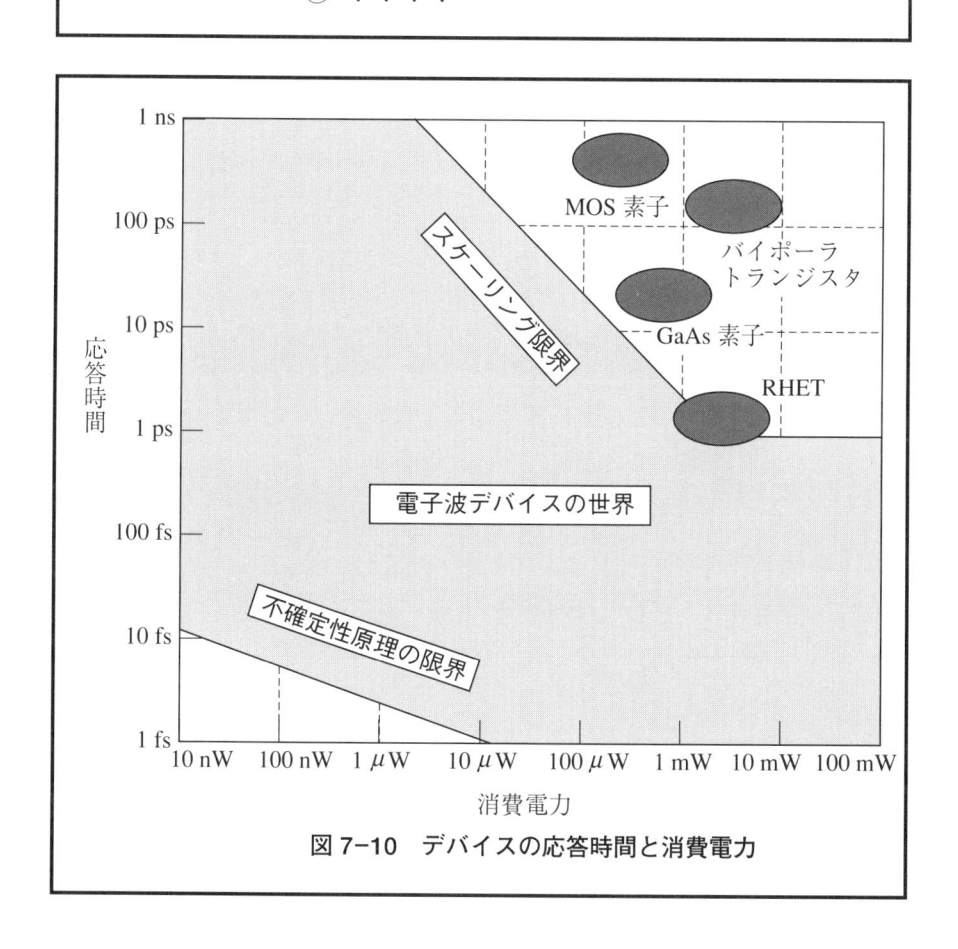

図 7-10　デバイスの応答時間と消費電力

具体的な例については，以後で述べる．

7-2　インコヒーレント電子波からコヒーレント電子波へ

デバイスの微小化で，電子の数が100個になったが，この場合100個の電子の性質（位相）が同じになる確率は少ない．しかし微小化をさらに進めて電子数が10個になったとすると10個の電子の位相がそろう確率は高くなる．このように位相がそろった場合を**コヒーレント電子波**と呼び，前者の位相がそろっていない場合を**インコヒーレント電子波**と呼ぶ．

波動的性質の最も顕著な効果は，

A：インコヒーレント電子波の利用

　　① トンネル効果

　　② 共鳴効果

B：コヒーレント電子波の利用

　　③ 干渉効果

　　④ 回折効果

これまで研究開発が行われている量子効果デバイスは，「インコヒーレント電子波を利用した効果」すなわちトンネル効果，共鳴効果が主である．このインコヒーレント電子波の利用にしても現段階は，電子波との相互作用のみといっても過言ではない．今後は電子波のみではなく，

「**磁気フォノン波，光波などとの共鳴効果**」

なども期待できる．

最近この方面の研究も行われ始めている．たとえば，2次元電子ガスの磁気フォノン共鳴の研究が行われている．電子・磁気共鳴効果によって，電子の慣性による量子物理学的インダクタンスが存在することもすでに実験的にも確認されている．

以上は，インコヒーレント電子波の利用であるが，これからは

「**コヒーレント電子波を利用したデバイス**」

へと移行するであろう．

代表的な波動の式

$$\varphi = a \cdot \sin(\omega t + \theta)$$

　　　　　振　　波　　位
　　　　　幅　　長　　相

制御パラメータ

粒　子：振幅
　　　　パラメータ………1個

波　動：振幅＋位相＋波長
　　　　パラメータ………3個

電子波の波動効果

（1）インコヒーレント電子波
　　　① トンネル効果
　　　② 共鳴効果

（2）コヒーレント電子波
　　　① 干渉効果
　　　② 回折効果

現在研究が進められているコヒーレント電子波効果を利用したものとしては，図 7-11 に示す．**アハロノフ-ボーム（Aharonov-Bohm）効果（AB 効果）** のみに留まっているといっても過言ではない．最近になって，量子細線中の電子波干渉効果によって，電気伝導にゆらぎが生ずることなども観測されている．

コヒーレント電子波の位相を完全にそろえることができ，電子波導波路，電子波干渉回路素子などが出現すると，光コンピュータをはるかにしのぐ電子波干渉型超高速集積ロジック回路素子の実現などが可能になる．

現在開発に着手されたニューロコンピュータのような高度高速並列処理演算回路素子の実現には，電子波の波長が短いことから，光波を利用するよりは，電子波を利用する方が，より微細化が可能であり，有望である．また別の分野として，**電子波センサ** もこれからの分野であろう．

さらに一歩進めて，コヒーレント電子波のみではなくコヒーレント格子波（フォノン波：ジョゼフソン効果はこの範囲に入る），さらにはそれに磁気フォノン波などとの

「**コヒーレント量子波の相互多重干渉効果を利用**」

することも考えられよう．また当然のことながら，光波との相互作用もこれからは重要であろう．

このように，コヒーレント電子波の特徴は，外部より，コヒーレント電界波・磁界波・光波・フォノン波など，外部コヒーレント量子波との相互作用により，

「**電子波の振幅（強度）のみではなく，位相や波長を制御できる**」

ことである．たとえば波長を制御することにより，実空間長を変えないで，電子波の行路を実効的に変えることができる．これが AB 効果である．

電界波によって電子波の位相が変調され，AB 効果と同様な干渉効果によって，コンダクタンスにゆらぎが生じる現象を利用する「**量子干渉デバイス（Quantum Interference Device：QID）**」も提案され始めている．

「コヒーレント量子波の相互多重干渉効果」などの研究テーマは無尽蔵と

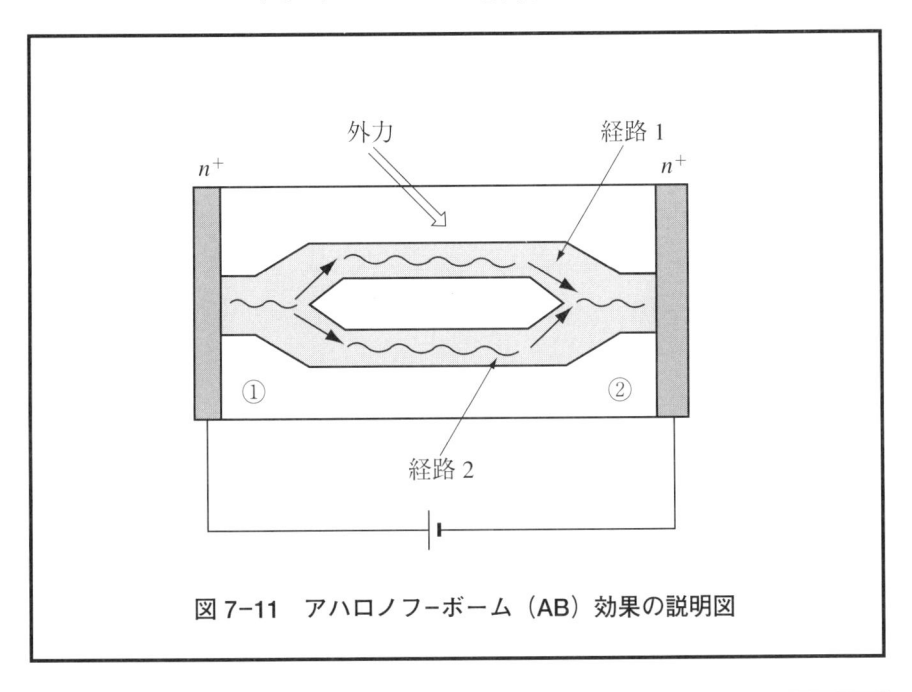

図 7-11　アハロノフ-ボーム（AB）効果の説明図

波動の相乗効果

① 電界波
　　（AB 効果）
② 磁界波
　　（量子力学的インダクタンス）
③ フォノン波
　　（ジョゼフソン効果）
④ 光　波
⑤ 物質波？

いうことができよう．

このように，これからはコヒーレント電子波のデバイスへの応用に多くの期待が寄せられる．

7-3 キャリアからプロパゲータへ

現代のエレクトロニクスは，電子の粒子性から波動性へと進展している．電子が粒子から波動になると，これまでのデバイスでは，電子が情報やエネルギーを手紙の例のように「運んでいた」．換言するととりもなおさず，電子が「キャリア」，「運び屋」であったが，これからは，電話のように波が「伝わる」，すなわち電子が「プロパゲータ」，「伝搬屋」になろう．そうするといまの電子デバイスの応答速度も飛躍的に向上し，電子の緩和時間の壁を破り，超高速化が可能になるであろう．

現在のエレクトロニクスは，電子の粒子性から波動性への転換期にさしかかっている．すなわち電子を電子波として取り扱う術を知った程度であり，電子の波動性の，雄大にひらけるパラダイスの入口に立った状態ではないだろうか．入口に立って電子波のインコヒーレンスの雄大さを垣間見ているに過ぎない．

さらに一歩踏み込んで，「電子波のコヒーレンスの壮大なパラダイス」に踏み込む必要があるであろう．量子効果デバイスは，現在無敗を誇っている量子物理学が，デバイスでも無敗か否かの実験的検証ともいえる．

この踏み込みに対しては，独りエレクトロニクスのみではなく，物理，化学，金属，応用物理，あるいは生物など，あらゆる学問分野の「科学の集積」が必要である．

7-4 単一電子デバイス：究極のデバイスか？

デバイスをどんどん小さくしていくと，デバイスに含まれる電子の数は少なくなり，ついには電子が1個になってしまう．電子が1個になった場合のデバイスを，「**単一電子デバイス**（Single Electron Device：**SED**）と呼

電子はキャリアからプロパゲータへ

例）東京 ←→ 大阪間の通信
　　手紙（粒子）………キャリア
　　電話（波動）………プロパゲータ

21世紀：コヒーレント電子波の
壮大なパラダイス

無敗の量子物理学は
デバイスでも無敗か？

単一電子（Single Electron）は究極のデバイス

① Half Electron?
② 単一電子の波動性は？

んでいる．単一電子デバイスは，トランジスタ的動作をしないか，あるいはもっと別のデバイスができないか，現在いろいろ研究されている．

単一電子デバイスは本当に最終的なデバイスであろうか？ "half electron device"（別に半分でなくてもよいが）は考えられないか？ もしも "half electron device" が存在したとすると，電子の電荷，質量も半分になるのであろうか？ 質量についてはすでに述べたように，半分の質量はもとより，負の質量まである．質量と同じように，電荷も半分，あるいは分数の電荷もあるだろう．事実正の電荷（正孔）も存在する．

電子を波動と考えたとき，電子を1個，2個と呼ぶこと自体がおかしいのかもしれない．

7-5　EPRパラドックスは究極の通信技術になりうるか？

1935年アインシュタイン（Einstein），ポドルスキー（Podolsky），ローゼン（Rosen）は，次に述べるパラドックスを提案した．そしてこのパラドックスは成り立たない，したがって量子物理学は正しい理論ではない，として，アインシュタインは量子物理学を認めなかった．このパラドックスは3人の名前の頭文字をとって **EPR** パラドックスといわれている．

ちなみにこの論文が発表された5カ月後に，水素原子モデルの提案者と

☕ *Coffee break*

　量子物理学に対するアインシュタインとボーアの論争は，激しいものであった．アインシュタインは量子物理学の矛盾・反例を考えたが，ことごとくボーアの説明で退けられた．ある会議の期間中，毎日の朝食時にアインシュタインが問題を提出し，夕食時にボーアがそれを解いたといわれている．

　アインシュタインは亡くなるまで（亡くなっても？）ボーアの解釈を信じていなかったといわれている．

EPR パラドックスの論文

MAY 15, 1935   PHYSICAL REVIEW   VOLUME 47

Can Quantum-Mechanical Description of Physical Reality Be Considered Complete?

A. EINSTEIN, B. PODOLSKY AND N. ROSEN, *Institute for Advanced Study, Princeton, New Jersey*
(Received March 25, 1935)

In a complete theory there is an element corresponding to each element of reality. A sufficient condition for the reality of a physical quantity is the possibility of predicting it with certainty, without disturbing the system. In quantum mechanics in the case of two physical quantities described by non-commuting operators, the knowledge of one precludes the knowledge of the other. Then either (1) the description of reality given by the wave function in quantum mechanics is not complete or (2) these two quantities cannot have simultaneous reality. Consideration of the problem of making predictions concerning a system on the basis of measurements made on another system that had previously interacted with it leads to the result that if (1) is false then (2) is also false. One is thus led to conclude that the description of reality as given by a wave function is not complete.

1.

ANY serious consideration of a physical theory must take into account the distinction between the objective reality, which is independent of any theory, and the physical concepts with which the theory operates. These concepts are intended to correspond with the objective reality, and by means of these concepts we picture this reality to ourselves.

In attempting to judge the success of a physical theory, we may ask ourselves two ques-

Whatever the meaning assigned to the term *complete*, the following requirement for a complete theory seems to be a necessary one: *every element of the physical reality must have a counterpart in the physical theory*. We shall call this the condition of completeness. The second question is thus easily answered, as soon as we are able to decide what are the elements of the physical reality.

The elements of the physical reality cannot be determined by *a priori* philosophical con-

---

EPR パラドックスの反論論文

OCTOBER 15, 1935   PHYSICAL REVIEW   VOLUME 48

Can Quantum-Mechanical Description of Physical Reality be Considered Complete?

N. BOHR, *Institute for Theoretical Physics, University, Copenhagen*
(Received July 13, 1935)

It is shown that a certain "criterion of physical reality" formulated in a recent article with the above title by A. Einstein, B. Podolsky and N. Rosen contains an essential ambiguity when it is applied to quantum phenomena. In this connection a viewpoint termed "complementarity" is explained from which quantum-mechanical description of physical phenomena would seem to fulfill, within its scope, all rational demands of completeness.

IN a recent article[1] under the above title A. Einstein, B. Podolsky and N. Rosen have presented arguments which lead them to answer the question at issue in the negative. The trend of their argumentation, however, does not seem to me adequately to meet the actual situation with which we are faced in atomic physics. I shall therefore be glad to use this opportunity to explain in somewhat greater detail a general viewpoint, conveniently termed "complementarity," which I have indicated on various previous occasions,[2] and from which quantum mechanics within its scope would appear as a completely

interaction with the system under investigation. According to their criterion the authors therefore want to ascribe an element of reality to each of the quantities represented by such variables. Since, moreover, it is a well-known feature of the present formalism of quantum mechanics that it is never possible, in the description of the state of a mechanical system, to attach definite values to both of two canonically conjugate variables, they consequently deem this formalism to be incomplete, and express the belief that a more satisfactory theory can be developed.

Such an argumentation, however, would

して名高いボーア（Bohr）が，同じ学術誌に，アインシュタインらと同じ題名の論文名で，「EPRパラドックスは正しい，したがって量子物理学は正しい」とアインシュタインの論文に反論する論文を発表した．当時はこの1件でもわかるように，量子物理学について論議されている最中であった．

次にEPRパラドックスを簡単に説明しよう．箱の中に電子を1個入れる．この箱を半分にする．電子は半分にした箱のどちらに入っているかわからない．いま半分にした箱の一つを例えば地球にもってくる．もう一つの箱を月へもっていく．地球の箱を開けてみる．もしもその箱に電子が入っていたならば，その瞬間に月の箱には電子が入っていないという情報が地球でわかる．

このとき月の情報が地球に伝わるのは，光のスピードよりも速く，またそのエネルギーはゼロである．これはまさに究極の情報伝送システムである（アインシュタインらが出したパラドックスは，電子があるかないかではなく，月の箱の電子の存在確率を，地球でコントロールできるというものである．しかしそのようなコントロールはできないので，量子物理学に対して否定的考えをもっていた）．

電子の代わりにテニスボールを入れたらどうなるであろうか．テニスボールではまったく意味がない．そこに電子があるかないかだけでは，電子もテニスボールも同じになってしまうが，あるかないかではなく，存在確率をコントロールできるか否かである．テニスボールでは量子効果がまったくといってよいほど期待できないから，上の議論は成り立たない．

上の議論は，量子物理学の「状態の収縮」で説明されるであろう．

以上述べたEPRパラドックスは本当に究極の情報伝送システムとして利用できるか否か，アインシュタインが問題提起してから70年近くの年月が経った現在真剣に考えられている状態である．ベルの定理からすると，これは肯定的であり，さらに1982年フランスのアスペにより実験的に正しいことが示され（若干疑問符が残るが），今はパラドックスとは言わず，

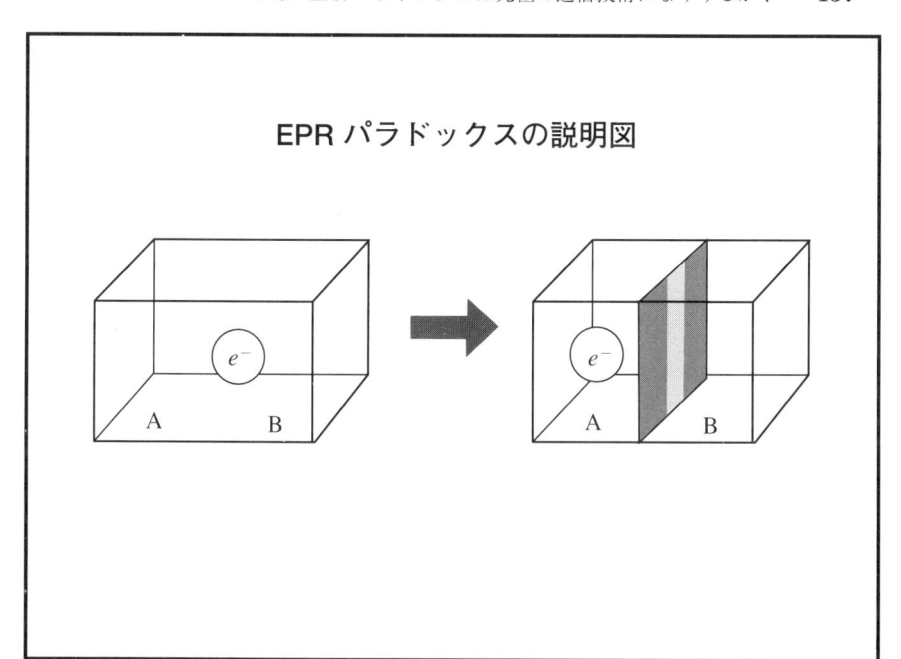

7-5 EPR パラドックスは究極の通信技術になりうるか？　　**137**

EPR パラドックスの説明図

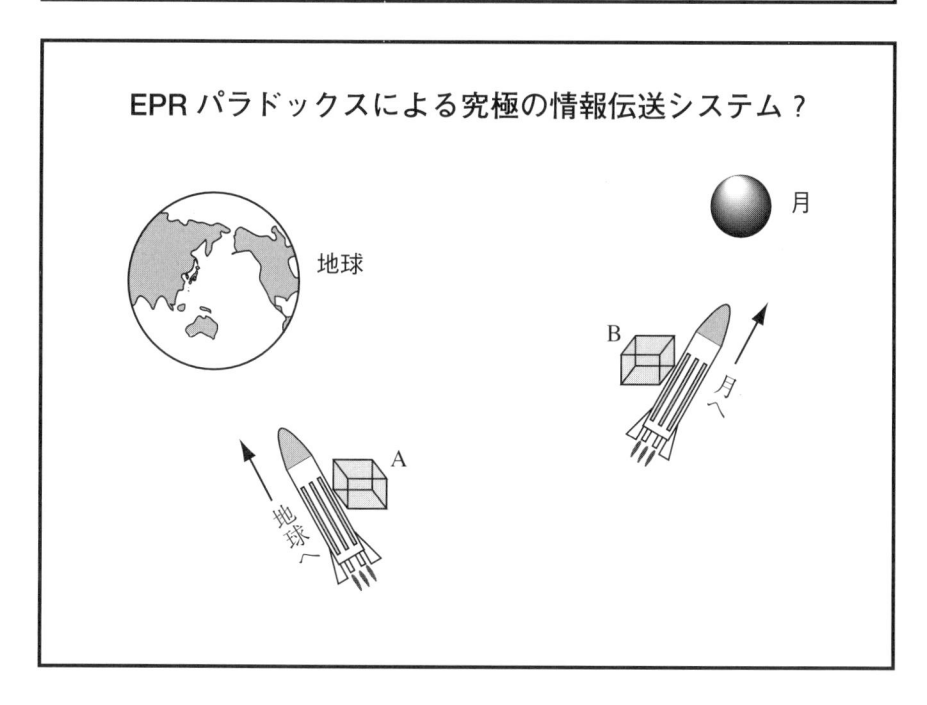

EPR パラドックスによる究極の情報伝送システム？

月

地球

EPR-Bellの相関と呼ばれている．これを利用して，現在量子テレポーテーション（量子通信），量子暗号，並びに量子コンピュータという新しい学問分野が台頭し始めた．

7-6 量子物理学は本当に無敗か？

量子物理学は，20世紀の前半に誕生し，量子物理学で説明できない現象はないといわれており，無敗を誇っている．これまでの量子物理学は哲学者あるいは理論物理学者の興味の対象でしかなかったが，最近はこの量子物理学が正しいか，否か実験的に決着をつけようとするところまできている．

最近，量子物理学も一敗しそうである．量子物理学は光速が一番速いとの前提にたっているが，すでに述べたように，最近光より速いものがあるらしいといわれている．

それは「タキオン」と呼ばれているが，先のEPRパラドックスではないが，光速よりも速いものが本当に存在するとなると，20世紀最大の，もっとも美しい理論といわれている量子物理学に修正がほどこされる可能性もある．この修正をほどこすのはいつ，だれであろうか．興味が尽きない．本書の読者の中から生まれることを期待してやまない．

7-6 量子物理学は本当に無敗か？   **139**

EPR パラドックスは究極の情報伝送システム？

光速より速い？

エネルギー不要？

量子物理学の論争

20 世紀 理論家・哲学者
             ↓
21 世紀 実験的決着

20 世紀の科学技術

美しすぎる量子物理学
洗練された科学技術
人間の英知

第8章
人間の素晴らしさ

　20世紀の科学技術の発展は，月面着陸（1969年）に代表されるように，たいへん輝かしいものであり，これほどのきらめきは21世紀にも期待できるであろうか．

　この20世紀の科学技術のきらめきは，あまりにも美しすぎる量子物理学，洗練された科学技術，人間の英知の勝利である．

　ひるがえってわれわれ人間自体を眺めてみると，20世紀の輝かしい科学技術をもってしても遠く及ばない人間の素晴らしさが見えてくる．

　筆者は人間の素晴らしさを，6つの効果で表している．

8-1　カクテルパーティ効果

　カクテルパーティなどのにぎやかな中で，自分の名前が呼ばれるとパッと気がつく．あるいは新聞などで自分の名前があるとサッとその部分に目がいく．これはわれわれは耳で聞いたり目で見たりしているのではなく，脳で聞いたり，見たりしているのである．

8-2　コーヒーブレイク効果

　コーヒーと一緒に白い粉がおかれていると，われわれ人間はそれが塩ではなく砂糖であると認識する．また甘いという味まで認識してしまう．コーヒーのそばには砂糖が置かれるということを経験的に知っている．これはまさに学習効果である．

8-3 High-Bridge 効果

幅 30 cm の板が床の上に置かれていると，われわれはまったく問題なくその上を歩くことができる．ところが同じ板を深い谷の上に架けた場合，その上をわれわれは歩くことができない．われわれは一瞬のうちにその谷底までの深さ，落ちたらどうなるかという未来まで認知してしまう．この効果を筆者は High-Bridge（日本語に訳してみて下さい）効果と呼んでいる．

現代の科学技術の粋を集めたロボットでもこれらの認識はできず，難なくその板の上を渡ることができる．

このロボットの人間との違いを利用して，人間にはできないことをロボットで行っている．もしもロボットが人間並みの認識ができるようになると，ロボットは「さぼる」ことを覚えてしまうであろう．

8-4 ファジィ効果

われわれは図 8-1 を見たとき，例外なく下の線が上の線より長いと見える．これをロボットで計測させると，同じ長さと認識する．長さを測定するということからすると人間の認識より，ロボットの方が正しいということになる．しかし別の面からすると，この長さが異なると認識することは別の意味で重要である．

8-5 森林効果

「森を見て木を見ず」という表現があるように，ある場合には大局を見ることが重要であり，われわれはそれができる．また電話がかかってきたとき，相手の声で，その声がだれであるか，さらにその電話が good news を伝えようとしているのか，そうでないか大凡の見当がつく．また別の例として，総理大臣の笑った顔を，あるいは怒った顔を見てもそれが総理大臣であることをわれわれは認識することができる．

人間の素晴らしさ

① カクテルパーティ効果……脳でセンシング
② コーヒーブレイク効果……学習効果
③ High-Bridge 効果 …………多次元センシング
④ ファジィ効果………………アナログセンシング
⑤ 森林効果……………………森を見て木を見ず
⑥ 喜怒哀楽効果………………人間の特技

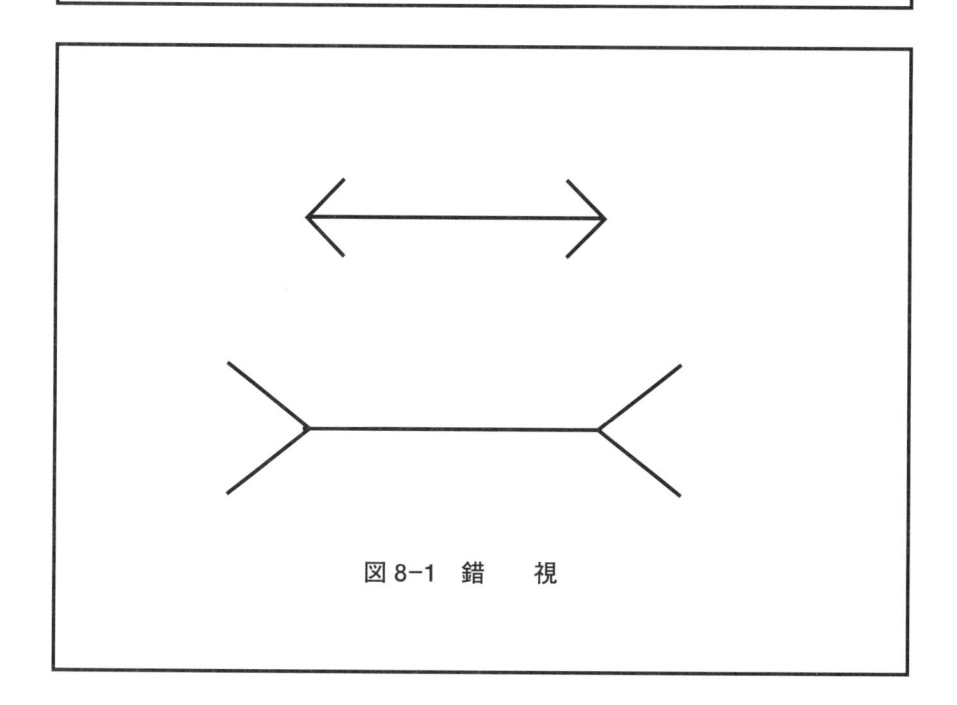

図 8-1 錯　視

このようにわれわれ人間は，曖昧なものを認識することができる．これは先のファジィ効果にも通じるが，「森を見て木を見ず」の能力である．

8-6 喜怒哀楽効果

人間には喜怒哀楽がある．笑うということは人間の特技ではなかろうか．ロボットが喜怒哀楽を表すのは，いつであろうか．

これら人間の素晴らしさはどこからくるのであろうか．人間は不完全で曖昧な情報処理が可能であり，過去の無数の経験から得た知識の総合化が行える．すなわち学習と自己組織化を行っている．

これに対していまの科学技術は，ミクロの問題のみを取り扱い，マクロの問題を取り扱っていない．これはいまの科学技術は，ディジタル一辺倒であることからもうかがえる．今後はアナログ的なものの開発も必要であろう．

これからの科学技術は，とどまるところを知らず発展の一途をたどるであろう．しかし人間の「考える」能力を超えることはできないであろう，いやできないことを願うものである．この「考える」ことは，絶対に侵されることのできない人間の神聖な領域であり，神から与えられた最大の贈り物である．

「人間は考える葦である」
パスカル

エピローグ

― 自然の摂理と科学の深淵 ―

　自然の摂理には，誠に不可思議な神秘性を感じる．遠く 400 年近くに思いを馳せると，コペルニクスの地動説に端を発するいまの太陽系の構造と，19 世紀後半から 20 世紀の初頭にかけてモデル化された原子内構造の類似性，これは何と表現したらよいのであろうか．この世の両極，すなわち大宇宙の構造と，極微の原子内構造とがきわめて類似しているということは，かつてニュートンらが「神の創造の深淵に触れる」と表現したように，自然の摂理の美しさを感じさせる．

　また身近な雪の結晶一つをとっても，零下何十度という厳しい自然界の中から生まれた雪の結晶の美しさは，まさに自然の美であり，神秘的な美しささえ感じる．雪の性質は，あの美しさに，すべて凝縮されている．

　20 世紀のエレクトロニクスの礎ともなっている IC は，規則的に配列された Si の単結晶の美しさからもたらされたものである．20 世紀の中ごろにトランジスタが発明されたのも，この自然の美しさの Si で p-n 接合理論を検証したからである．もしも Si の代わりに，人工的な美しさの GaAs で検証していたならばショックレーの p-n 接合理論の検証も失敗に終わり，p-n 接合理論が誤りであるとのらく印を押され，天涯の彼方に葬り去られていたであろう．このような素晴らしい Si との出合いがなかったならば，いまの科学技術は大きく様変わりしていたであろう．大変素晴らしい Si をこの世に与えてくださった神の人類への恵みに対して，何か神秘

的なものを感じ，先の宇宙系と原子系のモデルではないが，「神の創造の深淵」に触れる思いがする．

　この自然の摂理，ならびに神の恵みに対する深淵のベールを1枚1枚はがし，人類福祉の領域に引き寄せたのは，理学であり工学ではなかろうか．ベールの下にあるものをのぞき見るのが理学であり，そのベールをはがし，人類福祉に富をもたらすのが工学であろう．このように神秘的な自然の摂理を探り当てたという意味からすると，「神の創造の深淵」もさることながら，「科学の深淵」さえも感じる．

　ところで，現代の工学は，このベールをはがし終わったのであろうか．思うに，神の創造の深淵はまだまだ深く，ベールの下には，自然の美しい摂理が見え隠れしているように思われる．これほど素晴らしい神の創造に対して，いまのエレクトロニクスではSiのみが（？）実用化されているということは，「深淵」の言葉からあまりにも遠く掛けはなれているように思われる．

　この自然の美しさを背景として，現代の量子物理学，洗練された科学技術，ならびに人間の英知の織りなすロマンティックな魅力のベールを1枚1枚はがして，「自然の摂理」ならび「神の創造の深淵」を探ってほしい．

「科学においては，チャンスは準備された心のみを好む」
　　　　　　　　　　　　　　　　　　　　パスツール

さくいん

〈あ 行〉

- アクセプタ（acceptor） ……………46
- ──準位（acceptor level） ………46
- アクチュエータ（機械部品）………64
- 圧力センサ ……………………………76
- アナログ …………………………107
- アハロノフ-ボーム
  （Aharonov-Bohm）効果…………130
- アモルファス（非晶質）Si 薄膜
  太陽電池 ……………………………84
- 位　相 …………………………………86
- ──の制御 ……………………126
- 1 次元電子ガス ……………………122
- 井戸型ポテンシャル ……………120
- 異方性エッチング …………………64
- インコヒーレント電子波 ………128
- ウィルソンの理論 …………………39
- 運動量 …………………………………12
- ──空間 ……………………………86
- エネルギーギャップ ………………30
- エネルギー固有値 …………………21
- エネルギー準位 ……………………24
- エネルギー帯（energy band）……26
- ──構造 ……………………………28
- ──の重なり ………………………34
- ──理論（band theory）…………26
- エネルギーの素量 ……………………8
- エネルギー量子 ………………………8
- エミッタ（emitter）…………………58

- ──接合 ……………………………58
- 帯理論 ………………………………23
- オプトエレクトロニクス
  （opto-electronics）………………79

〈か 行〉

- 外因性半導体
  （extrinsic semiconductor）………46
- 開放端光電圧 ………………………85
- 可干渉性 ……………………………88
- 拡散電位（diffusion potential）…54
- 学習効果 ……………………………136
- カクテルパーティ効果 …………141
- 過去への通信 ………………………112
- 価電子帯 ……………………………44
- 干渉効果 ……………………………126
- 間接遷移形 …………………………86
- 緩和時間 ……………………………126
- ──近似 ……………………………126
- 基礎吸収端波長 ……………………80
- 喜怒哀楽効果 ………………………144
- 逆方向特性 …………………………56
- 逆方向飽和電流
  （saturation current）……………56
- キャリア移動度 ……………………76
- ──μ_h …………………………76
- キャリア濃度 ………………………74
- キャリアの種類 ……………………74
- 虚数の質量 …………………………114
- 許容帯（allowed band）……………26

禁制帯（禁止帯）
　（forbidden band）……………26
　　――の幅 ………………………30
金属－半導体 ………………………40
空　帯 ………………………………28
空乏層（depletion layer）………54
屈折率のゆらぎ ……………………62
クーパーペア（クーパー対）……98
クラッド（殻）………………110, 111
ゲージ率 ……………………………76
コア（芯）……………………110, 111
高温超伝導 …………………………98
格子波 ……………………………126
光電効果 ……………………………10
光　波 ……………………………126
　　――センサ ……………………92
古典物理学 ……………………………1
コーヒーブレイク効果 ………141
コヒーレント光（coherent light）……88
コヒーレント格子波 ……………130
コヒーレント電子波 ……………128
コヒーレント量子波 ……………130
固有関数 ……………………………21
コレクタ（collector）……………58
コレクタ接合 ………………………58
コンプトン効果 ……………………10

〈さ　行〉

再結合過程 …………………………86
再生中継 …………………………110
サブエネルギー準位 ……120, 123
産業の米 ……………………………64
磁気心臓学（心磁図）…………104
磁気抵抗効果（magnetoresistive effect）……………………………76
磁気フォノン波 …………………128
　　――波 …………………………130
自己組織化 ………………………144
実効質量 ……………………………34

磁電効果 ……………………………72
周期ポテンシャル ………………118
集積回路（IC：Integrated Circuit）
　………………………………42, 60
集積化センサ・アクチュエータ
　システム …………………………64
集積化の意義 ………………………64
充満帯 ………………………………28
シュレーディンガーの波動方程式
　……………………………………18
順方向特性 …………………………54
潤　秒 ……………………………104
少数キャリア ………………………48
状態の収縮 ………………………136
情報のキャッチ ……………………90
情報の記録・蓄積 …………………92
ジョゼフソン効果 ………………100
ジョゼフソンコンピュータ ……104
ジョゼフソン電流 ………………102
ショットキーモデル ………………40
人工格子（artificial lattice）…120
真性電導 ……………………………44
真性半導体（intrinsic semiconductor）
　……………………………………46
振幅の制御 ………………………126
森林効果 …………………………142
正　孔 ………………………………30
整流性の定性的説明 ………………54
絶縁体 …………………………28, 30
接合（junction）……………………52
　　――型トランジスタ …………56
　　――型トランジスタの基本動作……57
接触（contact）……………………52
　　――電位差 ……………………54
絶対的電圧標準 …………………104
ゼーベック効果 ………………68, 70
ゼーベック電圧 ……………………68
セラミック高温超伝導体 ………100
ゼロ次元電子ガス ………………122

相互多重干渉効果 …………………130

〈た　行〉

大規模集積回路（LSI：Large Scale
　　Integration） ………………………60
太陽電池（solar cell） …………82, 84
タキオン …………………………………112
多重量子井戸（Multi-Quantum Well
　　：MQW） …………………………122
多数キャリア ……………………………48
単一縦モード発振 ……………………122
単一電子デバイス（Single Electron
　　Device：SED） ……………66, 132
単一量子井戸（Single Quantum Well
　　：SQW） …………………………122
単色光 ……………………………86, 88
短絡光電流 ………………………………82
置換形（不純物） ………………………44
注入形レーザ（injection laser） ………86
超LSI（Ultra Large Scale Integration）
　　………………………………………60
超格子（super-lattice） ………………115
超高速コンピュータ …………………104
超高速粒子 ……………………………112
超小型化の限界 …………………………66
超伝導（superconductor） ……………95
　　──送電 ……………………………100
　　──体の応用 ……………………100
　　──体の禁制帯幅 ………………104
　　──マグネット …………………100
　　──量子干渉デバイス …………102
直接遷移形 ………………………………86
直接遷移半導体 …………………………88
ディジタル ……………………………107
電圧－電流特性 …………………………54
転移温度 …………………………………95
電界効果トランジスタ …………………56
電気工学効果 ……………………………62
電子・磁気共鳴効果 …………………128

電子線回折 ………………………………12
電子の慣性 ……………………………128
電子の平均自由行程 ……………………66
電子波干渉回路素子 …………………130
電子波干渉効果 ………………………130
電子波導波路 …………………………130
電子波センサ …………………………130
電子ビーム ………………………………66
電子冷凍器 ………………………………72
点接触トランジスタ ……………………40
伝送路 …………………………………110
統計的なゆらぎ …………………………66
導　　体 …………………………28, 30
ドップラー効果 …………………………92
ドナー（donor） ………………………46
　　──準位（donor level） …………46
ド・ブロイ波長 ………………12, 124
トランジスタ ……………………42, 56
ドルーデ-ローレンツモデル ……2
トンネル効果 ……………………………18

〈な　行〉

内部光電効果 ……………………………80
2次元電子ガス ………………………122
二重性 ……………………………………10
ニュートンの第2法則 …………………18
ニューロコンピュータ ………………130
熱エネルギー kT ……………………120
熱電効果（thermoelectric effect）
　　………………………………………68
熱発電器 …………………………………70

〈は　行〉

ハイゼンベルクの不確定性原理 ……126
バイポーラトランジスタ（bipolar
　　transistor） ………………………58
波群（wave-packet） …………………16
パージスタ（Persistor） ………………42
波束 ………………………………………16

発光ダイオード（Light Emitting
　　Diode：LED）…………………84
発信器 ………………………………108
波動性 …………………………………4
パルス符号変調方式（PCM）………107
半導体 ………………………………28
　　──の熱電的性質 ………………68
　　──の純度 ……………………48
　　──ヘテロ接合 ………………120
　　──レーザ増幅器 ……………110
　　──レーザダイオード …………86
光導電効果（photo-conductive effect）
　　…………………………………80
半満帯 ………………………………28
光エレクトロニクス ………………88
光検出器 ……………………………84
光起電力効果（photovoltaic effect）…82
光コンピュータ ……………………130
光集積回路（OEIC）………………62
光センサ ……………………………84
光増幅器 ……………………………110
光通信 ………………………………108
　　──の特長 ……………………112
光電流 ………………………………80
光の干渉 ………………………………6
光ファイバ …………………………110
　　──増幅器 ……………………110
光変調素子 …………………………62
光量子 ………………………………10
ひずみ抵抗素子 ……………………76
表面準位 ……………………………40
ファイバセンサ ……………………92
ファジィ効果 ………………………142
フェルミ準位（レベル）……………48
フェルミ・ディラックの分布関数
　　…………………………………48
フォトエッチ ………………………66
フォトン ……………………………10
フォノン（phonon）………………88

不純物濃度 …………………………48
　　──依存性エッチング ………64
負の質量 ……………………………36
プランク定数 ………………………18
ブリルアンゾーン …………………118
ブロッホ（Bloch）振動 ……………116
プロパゲータ ………………………132
分子線エピタキシー ………………118
平均自由行程 ………………………124
ベース（base）………………………58
ヘテロ接合 …………………………118
ペルチエ効果 ………………………72
ベルの定理 …………………………136
偏向素子 ……………………………62
ボーアの水素原子模型 ……………23
ホール係数 …………………………74
ホール効果（Hall effect）…………72
ホール電圧 …………………………74
ホール発電器 ………………………75

〈ま　行〉

マイクロ波集積回路 ………………62
マイクロマシーニング ………62, 64
マイクロモータ ……………………64
マイスナー（Meissner）効果 ……96
マクスウェル（Maxwell）の理論 …68
マクロスコピック領域 ……………124
ミクロスコピック領域 ……………124
ミニゾーン …………………………117
ミニバンド …………………………116
メーザ ………………………………44
メゾスコピック領域 ………………124
メモリ回路 …………………………60

〈や　行〉

ユニポーラトランジスタ …………57

〈ら　行〉

リニアモーターカー ………………100

粒子性	4	Memory）	62
量子"quanta"	8	ENIAC	65
量子井戸（quantum well）	120	EPR パラドックス	134
——レーザダイオード	120	half electron device	134
量子干渉デバイス（Quantum Interference Device：QID）	130	High-Bridge 効果	142
量子効果デバイス	115	I 型半導体	46
量子細線（quantum wire）	122	Kikuchi pattern	14
量子点（quantum dot）	122	k 空間	86
量子箱（quantum box）	122	Laser Diode:LD	86
量子物理学	4	MIS（Metal Insulator Semiconductor）	56
——的インダクタンス	128	MOS（Metal Oxide Semiconductor）	56
——的トンネル効果	39	negative mass	36
量子面（quantum plane）	122	NEMAG（Negative Electron Mass Amplifer and Generator）	116
量子力学的波長	124	n 型半導体	46
レーザ	108	OEIC（Opto Electronic IC）	62
——ディスク	92	p－n 接合	52
——プリンタ	92	——のエネルギー準位図	52
——ホログラム	92	——理論	42
——レーダ	90	p 型半導体	46
ローレンツ力（Lorentz force）	74	positive hole	30
〈欧 文〉		quantum physics	8
AB 効果	130	SQUID（Super-conducting Quantum Interference Device）	102
BCS 理論	96		
bit 数	62		
DRAM（Dynamic Random Access			

著者略歴
高橋 清（たかはし・きよし）
  1957 年　東京工業大学電気工学科卒
  1962 年　東京工業大学大学院博士後期課程修了（工学博士）
  1964 年　東京工業大学助教授
  1975 年　東京工業大学教授
  現　在　東京工業大学名誉教授

見てわかる半導体の基礎　　　　　　　　　　　　　　© 高橋　清　2000
2000 年 5 月 25 日　第 1 版第 1 刷発行　　　　【本書の無断転載を禁ず】
2024 年 3 月 8 日　第 1 版第 7 刷発行

著　者　　高橋　清
発行者　　森北　博巳
発行所　　森北出版株式会社
　　　　　東京都千代田区富士見 1-4-11（〒102-0071）
　　　　　電話　03-3265-8341 ／ FAX　03-3264-8709
　　　　　https://www.morikita.co.jp/
　　　　　自然科学書協会・工学書協会　会員
　　　　　JCOPY ＜（一社）出版者著作権管理機構　委託出版物＞

落丁・乱丁本はお取替え致します　　印刷／エーヴィスシステムズ・製本／協栄製本

Printed in Japan ／ ISBN978-4-627-77231-1